D1726131

Herbert Cerutti
Die unmöglichen Drei

Herbert Cerutti

Die unmöglichen Drei

60 erstaunliche Zahlengeschichten

Ein FOLIO-Buch im NZZ Verlag

Umschlagillustration: Katrin Laskowski

3. Auflage 2003

© 2001 Verlag Neue Zürcher Zeitung, Zürich
www.nzz-buchverlag.ch
ISBN 3-03823-081-2

Inhaltsverzeichnis

Zu diesem Buch

Im Juni 1996 erschien im Magazin NZZ FOLIO eine erste Zahlengeschichte. Sie erzählte, wie Menschen in aller Welt zählen – im Falle der Malinke in Westafrika mit Händen und Füssen. Was als kleine Serie gedacht war, entwickelte sich zu einer fünf Jahre langen Reise durch die unterschiedlichsten Landschaften der Mathematik, vom seltsamen Zählen im Tennis bis zum Nachweis, dass wir mit jedem Atemzug mit Julius Cäsar innig verbunden sind.

Beim Flanieren durch die Welt der Zahlen trifft man auf Etabliertes wie auf junges Zeitgeschehen. Denn was Mensch und Natur auch immer treiben – irgendwelche Zahlen oder logische Zusammenhänge sind fast immer mit im Spiel. So vermehren sich gewisse Zikaden (aus gutem Grund) exakt im Rhythmus der Primzahl 17. Oder im Vietnamkrieg mussten junge Amerikaner ihr Leben lassen – nur weil ein Lotteriesystem falsch konzipiert war.

Das vorliegende Buch mit den sechzig Stationen meiner Reise durchs Zahlenland möchte ein Plädoyer für die Mathematik sein. Nicht zuletzt durch den Schulunterricht hat mancher Leser (und wohl noch häufiger die Leserin) eine Abneigung gegen Mathematik entwickelt. Dabei kann ein unverkrampfter Umgang mit

Zahlen durchaus von praktischem Nutzen sein: Distanzen lassen sich mit einem simplen Verfahren erstaunlich gut schätzen; man versteht, wie ein Börsenmakler durch einen statistischen Trick Kunden fangen kann. Frauen wird klar, warum sie so viel länger als Männer vor dem Klo warten müssen.

Dass die FOLIO-Leserschaft an den Zahlengeschichten Interesse fand, bezeugen die vielen Briefe. Da meinte der Linguist, das Wort «Schwadron» gehe nicht auf das lateinische «quattuor» (vier) zurück, sondern auf «quadrum» (Viereck). Eine Flut von Reaktionen löste der Artikel zur legendären amerikanischen Bühnenshow «Ziege oder Auto» aus. Selbst ein Mathematikprofessor griff korrigierend zur Feder – um wenig später in einem zweiten Schreiben die Redaktion zu bitten, den Leserbrief nicht zu publizieren, denn er habe sich getäuscht. Am meisten gefreut hat mich der Brief eines Winterthurer Lehrers, der mitteilte, in der 39stelligen «narzisstischen Zahl» müsse es an 14. und 15. Stelle nicht 36 sondern 63 heissen, denn er habe mit einem selber entwickelten Computerprogramm die Sache nachgerechnet. Eine Rückfrage bei der Informationsquelle in den USA ergab die Antwort: Sorry, man habe tatsächlich in der Publikation die beiden Ziffern verwechselt. In der vorliegenden Sammlung sind selbstverständlich alle berechtigten Einwände der FOLIO-Zahlenfreaks berücksichtigt.

Wolfhausen, im Frühjahr 2001 Herbert Cerutti

Mit Hand und Fuss

Wir leben im Zehnersystem. Schon als Kind lernen wir, dass 236 die Addition von 6 Einern, 3 Zehnern und 2 Hundertern darstellt, wobei ein Hunderter das Zehnfache eines Zehners ist. Dies ist uns so geläufig, dass wir uns andere Zahlensysteme kaum vorstellen können, geschweige denn das Rechnen mit ihnen.

Und doch machen auch wir immer wieder Abstecher in fremde Zahlenwelten. So benutzen wir die Zahlen 12 und 60 als Grundeinheiten der Zeit (Sekunden, Minuten, Stunden) oder in der Geometrie für die Winkelmessung (360 Grad). In der Computerwelt ist dagegen das binäre System, welches lediglich die Ziffern 0 und 1 kennt, Standard geworden.

Man kann vermuten, dass die Anzahl der menschlichen Finger unsere Vorfahren zum Zehnersystem brachte. Das Dezimalsystem hat sich schliesslich in der gesamten indogermanischen Sprachfamilie etabliert. In gewissen Gegenden Afrikas und Ozeaniens sowie bei Kaufleuten in Bombay dient jedoch 5 als Zählbasis. Dazu gibt es ebenfalls eine passende Fingertechnik, indem die linke Hand jeweils von 1 bis 5 zählt und mit den Fingern der rechten dann die Fünfer gespeichert werden: 5, 10, 15, 20, 25. So lässt sich problemlos bis 30 zählen.

Andere Völker, etwa die Malinke in Westafrika, aber auch die Eskimo in Grönland, bevorzugen ein Zwanzigersystem – als Zählhilfen werden zu den Fingern noch die Zehen genommen. (Das altgermanische Wort *zēhe* ist mit «Zeiger» und somit mit «Finger» verwandt; die Zehen sind also die «Finger der Füsse».) Weil für die Malinke die Hände und Füsse zusammen die Zählbasis sind, sagen sie für zwanzig «ein ganzer Mann». Und aus naheliegendem Grund nennen sie die Zahl Vierzig «ein Bett».

Doch auch bei uns in Europa finden sich Spuren eines früheren Zwanzigersystems: Im Englischen existiert für zwanzig das alte Wort *score*; in einer frühen Bibel wird die Lebenserwartung des Menschen mit *three score years and ten* angegeben. Auch im Französischen finden wir in *quatre-vingt* oder im *Hôpital des Quinze-Vingts* – das ist ein in Paris im dreizehnten Jahrhundert für 300 Kriegsveteranen gebautes Spital – die Wurzeln eines Zwanzigersystems.

Der listige Börsianer

Ohne Mühe reich zu werden ist ein alter Traum. Bei den Börsianern kursieren «Systeme», die allein aus dem bisherigen Verlauf bestimmter Aktienkurse den künftigen vorhersagen. Mathematiker und Wirtschaftsfachleute sind sich über die Nutzlosigkeit solcher Prognosen einig. Untersuchungen haben gezeigt, dass ungefähr die Hälfte der Empfehlungen von Börsenmaklern richtig ist – eine Trefferquote entsprechend dem Zufallsprinzip.

Trotzdem kann dem Börsenkunden das Gefühl vermittelt werden, das Schicksal von Aktienkursen sei ergründbar. Beliebte Variante ist die sich selbst erfüllende Prophezeiung. So kursiert in Fachkreisen der Fall der Börsen-Gurus Tsai und Granville, die während Jahrzehnten mit ihren Prognosen das Geschäft an der Wall Street beeinflussten. Durch einige anfänglich wohl glückliche Vorhersagen kamen die beiden in den Ruf, einen besonders guten Riecher zu haben. Fast jede Aktie, für die sie nun warben, wurde begehrt, worauf der Kurs stieg, was wiederum die Nachfrage anheizte.

Folgendes konstruiertes Beispiel illustriert, wie sich ein listiger Börsenmakler einen Kreis gläubiger Kunden systematisch heranzüchten könnte. Der Makler sucht sich Adressen von 1000 potentiellen Kunden und verschickt an 500 folgenden Börsenbrief: «Unsere Nachforschungen haben ergeben, dass die Vereinigte Hosenträger AG weiter expandiert. Wir empfehlen Ihnen dringend, sich die Gelegenheit zum Kauf dieser Aktie nicht entgehen zu lassen.» Den andern 500 Adressaten schildert er die nahe Zukunft der gleichen Aktie gegenteilig; ihnen rät er von einem Kauf ab. Einen späteren Börsenbrief verschickt der Makler nur noch an jene 500 Leute, deren Prognosenvariante sich tatsächlich erfüllte. Und wiederum erhält die Hälfte der verbliebenen Briefempfänger eine positive und die andere Hälfte eine negative Empfehlung. Nach der dritten Briefaktion bleiben immerhin 125 Adressen, die jetzt dreimal hintereinander vom Makler einen «richtigen» Tip erhalten haben. Es wäre verwunderlich, wenn der Makler jetzt nicht ein paar saftige Aufträge an Land zöge. Man darf vermuten, dass mit solchem manipulierendem Herausfiltern von Informationen tagtäglich Geschäfte gemacht werden.

Im Dutzend billiger

Abgesehen von der Tradition des Zählens mit den Fingern, liesse sich genausogut eine andere Zählbasis verwenden, beispielsweise ein Zwölfersystem. In einem solchen Duodezimalsystem hat die Zahl 236 die Bedeutung 6 Einer, 3 Zwölfer und 2 Zwölf-mal-Zwölfer – was im Zehnersystem 330 entspräche; rechnen lässt sich auch damit problemlos. Im Gegensatz zum Dezimalsystem hat das Duodezimalsystem den Vorteil, dass sich die Grundeinheit 12 durch 2, 3, 4 und 6 teilen lässt, während bei 10 nur 2 und 5 als Teiler zur Verfügung stehen.

Es mag die sehr gute Teilbarkeit gewesen sein, die in unserer Kultur der Zwölf parallel zum Dezimalsystem eine starke Stellung vor allem bei den Kaufleuten verschafft hatte. Wir beziehen noch heute den Wein in Zwölferkisten, holen im Laden ein Dutzend Eier oder schlürfen im Restaurant ebensoviele Austern. Es gibt Dutzende von weiteren Beispielen. Mit dem «Gros» (144) steht sogar ein Begriff für ein Dutzend mal ein Dutzend zur Verfügung. Bereits die Sumerer verliehen der Basis 12 eine dominante Rolle bei der Berechnung von Distanzen, Flächen, Volumina und Gewichten; auch unterteilten sie den Tag in zwölf *danna* und den astronomischen Tierkreis in zwölf *beru*.

Um das Zwölfersystem zu fördern, gründeten amerikanische Mathematiker im Jahre 1160 (1944 im Dezimalsystem) die Duodecimal Society of America und verkündeten ihr Zahlencredo mit einer speziellen Zeitschrift, «The Duodecimal Bulletin». Die Gesellschaft wie auch ihr Bulletin bestehen noch heute und liefern den Mitgliedern für eine Jahresgebühr von einem Dutzend Dollar Übungen, Beispiele und Zahlenrätsel im Duodezimalsystem, wobei die für 10 und 11 nunmehr benötigten Einzelziffern mit * und # bezeichnet werden.

Die verschworene Gemeinde der Zwölferfreaks stiess bei exotischen Völkern, bei denen das Duodezimalsystem durchaus geläufig ist, auf reges Interesse. In Indien, Pakistan und einigen Ländern des Nahen Ostens wird mit den Händen auch im Zwölfersystem gezählt, indem der Daumen nacheinander zuerst die oberen, dann die mittleren und schliesslich die untersten Glieder der restlichen Finger berührt.

Der Nordpolschwindel

In der Mathematik gehört Genauigkeit zu den Grundregeln: 23 x 72 sind nun mal 1656 – und nicht eins mehr oder eins weniger. Genauigkeit kann aber zum Unsinn werden, wenn sie dort gepflegt wird, wo sie nicht hingehört. So geisterte vor ein paar Jahren die Meldung durch die Presse, die Mafia mache in Italien jährlich einen Umsatz von 23,42 Milliarden Franken. Nach anfänglicher Verwunderung, wie man die dunklen Geschäfte der kriminellen Organisation so genau kennen könne, löste sich das Rätsel, als man las, dass der Meldung eine italienische Studie zugrunde lag, die das Mafiageschäft auf 20 Billionen Lire schätzte. Und wenn im Biologiebuch die Maximalgeschwindigkeit der Weinbergschnecke mit 0,00324 Kilometern pro Stunde angegeben wird, ist ebenfalls mit der Genauigkeit Unfug getrieben worden.

Die Verlockung ist offensichtlich: Genauigkeit weckt Vertrauen. So sagt die Bibel, Methusalem sei 969 Jahre alt geworden, und für die Bundeslade habe man Gold im Gewicht von 29 Talenten und 730 Schekeln verwendet. Damit hatten die Autoren allfällige Zweifel an der Sache gründlich ausgeräumt. Aus dem gleichen Grund steht heute in der Spesenabrechnung weit eher «für Büromaterial Fr. 68.75» als «70 Franken».

Dass selbst renommierte Wissenschafter der Verführung erliegen, zeigt das Beispiel von Robert Peary. Der amerikanische Polarforscher hatte am 6. April 1909 als erster Mensch den Nordpol erreicht. Als Beweis stand in seinem Tagebuch die Position 89 Grad, 57 Minuten und 11 Sekunden nördlicher Breite, ein Ort rund 5 Kilometer vom Pol entfernt. Für damalige Ansprüche war dies ein Volltreffer – Peary hatte sein ehrgeiziges Ziel erreicht. Jahre später entbrannte um den Sieg Pearys eine heftige Kontroverse. Fachleute hatten gemerkt, dass die angegebene Genauigkeit unmöglich stimmen konnte. Denn eine Bogensekunde entspricht 30 Metern, eine Präzision, wie sie selbst heute nur mit moderner Satellitennavigation erreichbar ist. Pearys Freunde mussten eingestehen, dass ihr Held mit seinen Mitteln die Position bestenfalls auf einige Bogenminuten genau messen konnte. Die zusätzlichen Ziffern hatte er schlicht erfunden.

So selbstverständlich uns Zahlen heute sind – sie müssen irgendwann vom Menschen erfunden worden sein. Man hat 35 000 Jahre alte Knochen gefunden, die Reihen von Kerben tragen: Vermutlich ein Mondkalender, wobei eine Kerbe jeweils für eine Vollmondbeobachtung stand. Afrikanische Königreiche zählten ihr Volk mit Hilfe von Kieselsteinen und Muschelschalen. Während solches Abzählen nur die Grösse der Menge repräsentierte, ohne festzuhalten, was gezählt worden war, schufen 8000 v. Chr. Völker im Gebiet des Fruchtbaren Halbmondes (vom heutigen Syrien bis in den Iran) Tonformen, die sowohl die Menge als auch die Art des Gezählten verkörperten.

Denise Schmandt-Besserat, die amerikanische Anthropologin, hat die bei Grabungen gefundene Tonfiguren im Detail studiert. So standen kleine Tonzylinder für Tiere, Kegel- und Kugelformen für zwei verschiedene Kornmengen; eine kreisrunde Scheibe repräsentierte eine Herde. Damit liess sich nicht nur Besitz dokumentieren, man konnte mit diesen Verkörperungen von Zahlen und Mengen auch planen und Tauschhandel treiben.

Um 3000 v. Chr. hatten sich die Sumerer vom Bauernvolk zur komplex organisierten städtischen Gesellschaft entwickelt. Und die einfachen Zählformen waren durch eine Vielfalt von Rhomboiden, Wendeln und Parabeln ergänzt worden, die jetzt auch handwerkliche Erzeugnisse wie Gewänder, Ölkrüge oder Brotlaibe symbolisierten. Um diese Vielfalt an Tonfiguren aufzubewahren, schuf die aufkommende Staatsbürokratie hohle Kugeln, die verschlossen und versiegelt als amtliches Verzeichnis oder als Vertrag galten.

Dumm an der Sache war nur, dass man, um den Inhalt zu «lesen», das Siegel aufbrechen musste. Die sumerischen Buchhalter kamen schliesslich auf die Idee, den Inhalt der Tonkugeln mit Zeichen in die noch weiche Aussenwand zu ritzen. Und irgendwann fand man es überflüssig, überhaupt noch Tonfiguren in die Kugeln zu legen, denn die aufgeritzten Zahlzeichen sagten ja alles, was man über die abgezählten Dinge und Mengen wissen musste. – Die Zahl als abstraktes Symbol war geboren.

Bis man dann lernte, mit solchen Zahlzeichen zu rechnen, also mit Hilfe der Zahlensymbole Mengen zusammenzuzählen, zu subtrahieren und sogar Multiplikationen und Divisionen auszuführen, vergingen etliche weitere Jahrhunderte.

1 googol

Wir haben uns daran gewöhnt, dass man uns täglich numerische Monster um die Ohren haut: Der Türkei werden 375 Millionen Euro versprochen; der Ertragsbilanzüberschuss der Schweiz ging 1995 auf 23,5 Milliarden Franken zurück. Und wir plaudern selber wie selbstverständlich über die Megabytes unserer PCs. Dabei gibt es wohl nur wenige Menschen, die ein natürliches Gefühl für Millionenzahlen haben. Wir behelfen uns, indem wir Riesenzahlen mit etwas Vertrautem vergleichen: Liest man in der Zeitung von vier Millionen Flüchtlingen, stellt man sich schaudernd das Zehnfache der Einwohner der Stadt Zürich vor.

Der Physiker George Gamow wurde von seiner Tochter gefragt, wieviel denn «unvorstellbar viel» sei. Darauf kreierte er das «googol», eine 1 mit 100 Nullen: 10 000 000 000 000 000 000 000 000 000 000 000 000 000 000 000 000 000 000 000 000 000 000 000 000 000 000 000 000 000 000 000 000 000 000 000. Die Mathematik hat für das Ungetüm wenigstens eine knappe Darstellung zur Hand, die hundertfache Multiplikation der Zahl Zehn mit sich selber: 1 googol = 10^{100}.

Die Witzzahl ist in den USA zum Inbegriff für «riesig» geworden. So erzählt der Mathematiker Alexander

Dewdney in seinem Buch «200 Prozent von nichts», wie die National Security Agency (NSA) über das googol stolperte. Die Behörde suchte Computerspezialisten und annoncierte in Fachzeitschriften das googol mit sämtlichen hundert Nullen: «Wir zeigen das googol aus einem einfachen Grund: Wenn Sie zu uns kommen, müssen Sie in riesigen Grössenordnungen denken.» Und als Beispiel lieferte die NSA: «Wenn Sie 24 Stunden pro Tag zählten, hätten Sie nach 120 Jahren 1 googol erreicht.»

Ein Leser merkte, dass selbst die Sicherheitsbehörde mit Riesenzahlen nicht umgehen kann. Die 120 Jahre enthalten nämlich $3{,}79 \times 10^9$ Sekunden. Deshalb müsste man innert jeder dieser Sekunden jeweils auf $2{,}64 \times 10^{90}$ zählen, um das googol in der vorgegebenen Zeit zu schaffen. Worauf er an die NSA schrieb, ihn schreckten nicht nur die «riesigen Grössenordnungen», sondern auch das horrende Arbeitstempo, das man bei der NSA anscheinend von ihm erwarte.

Mit Zins und Zinseszins

Ältere Semester unter uns werden sich noch erinnern, wie im Taschenkalender immer auch eine Tabelle für Zinseszins greifbar war. Darin konnte man ablesen, wie das Ersparte mit den Jahren wächst. Man empfand die enorme Geldvermehrung als irgendwie unbegreiflich und magisch.

Mittlerweile liefert jeder Taschenrechner den Zinseszins als simple Exponentialfunktion: Bei einem Zinssatz von 6 Prozent wächst eine Summe von 1000 Franken in 30 Jahren auf $1000 \times (1{,}06)^{30}$, das sind 5743 Franken. Bei der sogenannten einfachen Verzinsung wird lediglich die Grundsumme verzinst und der Zins am Ende des Jahres ausbezahlt, also nicht zum Kapital geschlagen. Was dieser auf den ersten Blick geringe Unterschied ausmacht, zeigt ein Beispiel: Aus 1000 Franken werden bei einem Zinssatz von 10 Prozent einfach verzinst in 100 Jahren 11 000 Franken. Mit Zinseszins ergeben sich in derselben Zeit hingegen 13,8 Millionen Franken.

Solches exponentielles Zinseszinswachstum ist denn auch beliebt, um zu zeigen, wie die Zeit aus lächerlichen Beträgen gigantische Vermögen macht. Hätten die Indianer im Jahre 1626 ihre Insel Manhattan für einen Dollar verkauft und diesen zu 5 Prozent auf ein Bankkonto gelegt, wären dies heute $(1,05)^{370}$, also 69,2 Millionen Dollar. Und nur ein leicht besserer Zinssatz von 6 Prozent steigerte das Endergebnis auf 2,3 Milliarden. Ähnliche Spielchen werden mit der noch offenen Hotelrechnung Napoleons während seiner Durchreise in Irgendwo gemacht.

Als neueres Beispiel mag die «Granville-Affäre» dienen. Ein New Yorker Gericht verdonnerte 1994 den Kanton Tessin zur Zahlung von 125 Milliarden Dollar, weil er dreissig Jahre vorher durch unsorgfältige Abwicklung eines Konkursverfahrens einem amerikanischen Bankkunden den Verlust von 600 Millionen Dollar beschert habe. Die astronomische Forderung kam durch einen Zinssatz von einem Prozent pro Woche zustande. Obschon der Hintergrund der Sache mehr als dubios erschien, musste der Kanton Tessin über eine Million Franken für seine Verteidigung aufwenden. Auch Absurdes hat seinen Preis.

Über Rekorde stolpern

Wir leben in einer Welt der «Grössten» und «Schnellsten». Was in der Werbung längst seinen Platz hat, macht sich mittlerweile überall breit. So zelebriert das «Guinness-Buch der Rekorde» Jahr für Jahr den Hang des Menschen nach Superlativen. Mag die höchste Drehleiter der Welt (Rettungshöhe 62 m) noch sinnvoll sein, erscheint der Rekord im Krankenbett-Dauerschieben (136 km in 24 Std. 30 Min.) doch eher überflüssig.

Übertreibungen machen sich auch dort breit, wo wir Sachlichkeit statt Prahlerei erwarten: in den Zeitungen. Am 29. Januar 1986 musste die Welt vom schrecklichen Ende der Raumfähre «Challenger» erfahren. Die Katastrophe gab der Schweizer Boulevardzeitung «Blick» nicht nur deftige Kost, sondern auch Gelegenheit zur Kollegenschelte. Unter dem Titel «TV DRS schaltete zu langsam» war zu lesen, dass der Tagesschau in der Ausgabe von 17 Uhr 55 «nur ein Telefongespräch mit dem Korrespondenten in New York gelang», während «sogar Moskau blitzschnell schaltete und bereits 35 Minuten nach der Explosion über die Nachrichtenagentur Tass die Nachricht in jeden Winkel des Imperiums verbreitete». In der gleichen Zeitung stand als Zeitpunkt für die Explosion

17 Uhr 39 (Schweizer Zeit). Was nach Adam Riese das «langsame TV DRS» bereits 16 Minuten nach der Katastrophe schalten liess – also in weniger als der halben Zeit der «blitzschnellen Tass». Journalistische Rechenschwäche oder Manipulation?

Zum Gespött machte sich jener Journalist, der vor lauter Hitparadengewohnheit nicht merkte, dass eine Rangliste eine Negativliste war. So präsentiert am 15. August 1995 «Der Zürcher Oberländer» die alljährliche Untersuchung der Aufenthaltskosten in hundert Städten der USA. Nach anfänglich sachlicher Darstellung («New York bleibt teuerste Stadt der USA») geht es seltsam weiter: Das mit 136 Dollar pro Tag jetzt kostengünstigste Las Vegas ist für den Journalisten «auf den letzten Platz abgerutscht». Und die «markanteste Verbesserung in den Top ten gelang Chicago, das von Rang sechs auf die dritte Position vorrückte». Was wohl nur jenen Reisenden freuen kann, der bisher sein Geld in Chicago partout nicht loswurde.

Unheimliche Verdoppelung

Eine persische Sage erzählt von einem Handwerker, der seinem König ein kunstvolles Schachbrett schenkte und als Lohn nur ein einziges Getreidekorn für das erste Feld und für jedes folgende Feld die doppelte Anzahl Körner erbat. Dem König erschien der Wunsch gar bescheiden. Bis der Hofmathematiker ausrechnete, dass zwar auf das 10. Feld erst 512 Körner entfallen, auf das 20. aber bereits über eine halbe Million. Und für das 64. Feld des Schachbrettes reichten alle Getreidekörner der Welt nicht aus, denn aus dem einen Korn werden in 63 Schritten (gemäss der Berechnung 2 hoch 63) 9,2 Trillionen.

Ähnlich tückisch war der Aufruf einer Radiostation, man sollte doch für die Opfer einer Naturkatastrophe im Christmonat für den ersten Tag einen Rappen und für jeden folgenden Tag das Doppelte beiseite legen und den Batzen am 31. Dezember dem Hilfsfonds überweisen. Immerhin mehr als zehn Millionen Franken, wie Gutwillige schliesslich erkannten.

Die unheimlichen Konsequenzen solch exponentieller Zunahme machten 1972 die «Grenzen des Wachstums» des Club of Rome zum Bestseller. Ein Fachteam hatte das Wachstum der Bevölkerung, die Zunahme der Umweltverschmutzung sowie den Ressourcenverbrauch in den Computer gefüttert und berechnet, dass unsere Zivilisation innert Jahrzehnten untergehen könnte. Verhängnisvoller Taktgeber waren wiederum Verdoppelungen. Die Verdoppelungszeit lässt sich (leicht vereinfacht) berechnen, indem man die Zahl 70 durch die Wachstumsrate (in Prozent) teilt; ein Bevölkerungswachstum von 3 Prozent lässt also die Population in nur 23 Jahren auf das Doppelte steigen.

Manche verstanden die Berechnungen als Prognose und verurteilten die Studie als unseriös. Die Wissenschafter hatten jedoch lediglich gezeigt, was sich mathematisch ergibt, wenn die Übernutzung der Ressourcen und das Bevölkerungswachstum unverändert weitergehen. Wie im Kindervers, wo im Gartenteich sich die Lilien jeden Tag verdoppeln, um nach dreissig Tagen den Teich zu ersticken. Am 29. Tag macht das Wachstum noch keine Sorgen, denn noch immer ist der halbe Teich frei. Aber nur einen Tag später ist die Katastrophe da.

Schicksalhafte Zahl 57

Im Buch «Mathematik zwischen Wahn und Witz» schildert der amerikanische Mathematiker Underwood Dudley, was mathematische Amateure so alles herausgefunden haben wollen. So erschien 1983 ein Traktat über die geheimnisvolle Rolle der Zahl 57 in der amerikanischen Geschichte. Eine lange Liste von Beispielen beweist die numerische Liaison: Vier der ersten sechs Präsidenten der USA hatten ihr Amt im Alter von 57 Jahren angetreten. Am 15. Juni 1775 wurde George Washington vom Kongress zum Armeekommandanten ernannt – 57 Tage nach der Schlacht bei Lexington und genau 57 Wochen nach der Zurückweisung des britischen Ultimatums. Washingtons Grossvater John kam als Einwanderer von England nach Amerika genau 228 – also 4 mal 57 – Jahre vor der Einweihung des Washington Monument im Jahr 1885.

Geradezu ein 57er-Festival war die Boston Tea Party vom 16. Dezember 1773. Bei diesem Aufstand gegen die Kolonialmacht England warfen die Rebellen 342 (6 x 57) Teekisten ins Meer. 57 Tage danach wurden die Aufrührer des Landesverrats angeklagt. Am 12. Mai 1774 wies das Bostoner Komitee britische Strafmassnahmen zurück, um dann exakt 342 (6 x 57) Tage später bei Lexington den britischen Truppen die Stirn zu bieten.

In der späteren Seeschlacht starben 342 (6 x 57) Männer, und 114 (2 x 57) wurden verwundet.

Indem der Entdecker der 57er-Magie auch noch den Buchstaben des Alphabets fortlaufend die Zahlen 1, 2 usw. zuordnet, findet er, dass fast alle Helden der Revolution Namen tragen, die, allein oder kombiniert, die Buchstabensumme 57 oder ein Vielfaches davon tragen. Sogar «United States of America» summiert sich zu 4 x 57.

Dudley zeigt, wie der Zahlenmystiker sogar dort, wo es scheinbar keine 57er-Beziehung gibt, dank numerischen Klimmzügen dann doch wieder fündig wird. Aus einer genügend grossen Menge vorgegebener Zahlen lassen sich immer «bedeutungsvolle» Zusammenhänge konstruieren – seien dies nun geschichtliche Daten oder Pyramidenmasse. Dudley warnt seine Leser vor dem Jahr 2004. Dann werden seit der Unabhängigkeitserklärung im Jahre 1776 nämlich genau 4 x 57 Jahre vergangen sein.

Ritter Richards Rüstung

Shakespeare sieht Richard III. als buckligen Wicht. Vor einigen Jahren stellte der Historiker Garrett Mattingly an einem Kongress die These auf, der König habe wegen seines Kleinwuchses beim Kampf in voller Rittermontur Vorteile gehabt. Denn die Körperoberfläche nimmt mit dem Quadrat der Körpergrösse zu, weshalb ein grösserer Ritter eine sehr viel schwerere Rüstung zu tragen hatte als ein kleiner Krieger. Dies sei wohl einer der Gründe für den gefürchteten Auftritt des Königs auf dem Schlachtfeld gewesen.

Ein Zuhörer warf dem Historiker vor, er habe etwas Entscheidendes übersehen. Wichtig beim Ritter sei die Muskelkraft. Die Muskelmasse aber sei eine Frage des Körpervolumens, und dieses wachse mit der dritten Potenz der Körpergrösse. Ein grosser Ritter in seiner Rüstung habe also insgesamt einen Vorteil, denn das grössere Gewicht der Rüstung werde durch die noch stärkere Zunahme der Muskelmasse überkompensiert. Und ein kräftigerer Ritter führe auch ein grösseres, dementsprechend schwereres und gefährlicheres Schwert.

Ein zweiter Hörer bestätigte zwar das Argument mit dem Schwert, bestritt jedoch die Rechnung mit der überproportionalen Muskelkraft. Die Stärke eines Muskels wachse nämlich nicht mit seinem Volumen, sondern mit dem Querschnitt der Muskelfasern – und dieser sei, genau wie das Gewicht der Rüstung, proportional zum Quadrat der Körpergrösse. Schliesslich meldete sich ein Ingenieur. Er machte geltend, dass das Gewicht des Panzers stärker wachse als die Körperoberfläche, denn grössere Metallflächen machten Versteifungsrippen nötig, damit die Konstruktion fest ist.

Untersuchungen an historischen Rüstungen zeigen, wie die Waffenschmiede maximale Festigkeit mit minimalem Gewicht zu erreichen wussten. Die bei den grossen Flächen nötigen Verdickungen und strukturellen Versteifungen baute man dort ein, wo die Treffer des Gegners zu erwarten waren, also etwa an der Brust, auf den Achseln und an der Stirn. Von den verstärkten Stellen aus wurde das Material dann dünner und dünner, bis es unter den Armen oder an der Seite des Helms so schwach wie der Deckel einer Kaffeekanne war.

Tödliche Vietnam-Lotterie

Als sich gegen Ende der sechziger Jahre Amerika immer stärker im Vietnamkrieg engagierte, brauchte die Armee zusätzliche Soldaten. Die junge Generation zeigte wenig Begeisterung für den Dschungelkrieg. Daher beschloss der amerikanische Kongress im Jahre 1970, wehrtüchtige Männer der Jahrgänge 1943 bis 1952 nach einem absolut gerechten Zufallssystem zu rekrutieren: Alle möglichen Geburtsdaten des Jahres kamen einzeln in eine Kapsel. Die 366 Kapseln wurden in eine Trommel gegeben und durchmischt. Dann zog man eine Kapsel nach der andern und ordnete dem jeweiligen Geburtsdatum fortlaufend die Einberufungspriorität zu. Das zuerst gezogene Geburtsdatum, zum Beispiel 3. März, erhielt also Priorität 1; die Männer mit Geburtstag am 3. März sollten als erste einberufen werden. Das zweite gezogene Datum bestimmte die nächsten auf der Liste.

Die veröffentlichte Ziehungsliste war für die betroffenen Jahrgänge schicksalhaft und weckte entsprechendes Interesse. Medienleuten fiel nun bald einmal auf, dass zuoberst auf der Prioritätenliste erstaunlich viele Dezembertage standen. Natürlich ist bei einer Lotterie jede Reihenfolge möglich. Aber war die auffällige Verteilung koscher? Mathematiker zeigten dann mit einer wahrscheinlichkeitstheoretischen Analyse, dass eine derartige Benachteilung der Männer mit Geburtstag gegen Ende Jahr in der Tat unter 1000 zufälligen Lotterien nur einmal vorkommen sollte.

Vermutlich hatte man den Inhalt der Lostrommel ungenügend gemischt; die zuletzt eingefüllten Kapseln mit den November- und Dezemberdaten blieben obenauf und wurden deshalb mit einer grösseren Wahrscheinlichkeit früh gezogen. Die nächste Einberufungsauslosung von 1971 erfolgte dann mit zwei Trommeln; eine der Trommeln enthielt die Geburtsdaten, die andere die Zahlen 1 bis 366 für die Einberufungsprioritäten. Indem nach sorgfältigem Mischen immer das zufällig gezogene Geburtsdatum mit der simultan aus der zweiten Trommel gezogenen Priorität gepaart wurde, war an der Korrektheit der Lotterie nicht mehr zu zweifeln. Für einige junge Amerikaner aber bedeutete der Lapsus der 1970er-Ziehung den Tod.

Deuce und Love

Fifteen: love. Wir hören es, wenn wir am Bildschirm den Kampf der Cracks mitverfolgen, und haben uns mittlerweile an die seltsame Zählweise im Tennis gewöhnt. Die zum Spielgewinn nötigen vier Punkte werden nicht einfach als 1, 2, 3, 4 gezählt, sondern erhalten die Abfolge 15, 30, 40, Spiel. Ein Spiel gewinnen kann aber nur, wer mindestens zwei Punkte Vorsprung hat. Beim Punktegleichstand 40 : 40 wird deshalb so lange weitergespielt, bis einem Spieler ein Zwei-Punkte-Vorsprung gelingt. Das 40 : 40 und späterer Gleichstand werden mit *deuce* bezeichnet. Und hat ein Spieler im laufenden Spiel noch keinen Punkt gemacht, heissen seine null Punkte *love.*

Seit Tennis im Mittelalter vermutlich als Ballspiel der Mönche im Kreuzgang nordfranzösischer Klöster erfunden wurde, ist auch immer wieder über die Herkunft der Tennissprache gerätselt worden. Wenig Zweifel gibt es betreffend *deuce*, das sich aus dem Altfranzösischen *a deus* für *à deux points du jeu*, also zwei Punkte vom Spielgewinn entfernt, herleitet. Bis heute umstritten jedoch ist *love.* Hier spannen sich die Hypothesen von *l'œuf* für die Eierform der Null bis zu *to do something for love*, etwas aus reiner Freude und nicht aus Gewinnsucht tun.

Festeren Boden haben die Mutmassungen zur Zählweise. Beim Tennis ist schon früh Geld im Spiel gewesen, und die Gegner hatten vor Spielbeginn ihren Einsatz beim Netz zu deponieren. Dabei kostete jeder verpatzte Schlag den Spieler einen grossen Pfennig (*gros denier tournois*), und dieser bestand aus 15 kleinen Pfennigen. Ein nach vier Fehlern verlorenes Spiel kam dem Pechvogel also auf sechzig Pfennig zu stehen. Die Sechzig als Zähleinheit hat im Französischen lange Tradition, wie *soixante-dix* noch heute zeigt. Dass aus dem *fortyfive* (für drei Punkte) schliesslich *forty* wurde, mag reiner Bequemlichkeit englischer Schiedsrichter entsprungen sein.

Dem All England Tennis Club diente das Zählen schliesslich als Argument, die Frauen vom Turnier in Wimbledon fernzuhalten: Das Weib sei für ein solch hartes Spiel zu schwach – und wohl kaum in der Lage, auch nur die Tenniszählweise zu begreifen.

Blamierter Pythagoras

Pythagoras gründete um 530 v. Chr. in Kroton einen Geheimbund. Mit seinen Pythagoreern pflegte er einen Kult, der Zahlen als das wahre Wesen der Dinge sah; sie waren Ausdruck kosmischer Mystik und der Schlüssel, um zu den letzten Wahrheiten zu gelangen. Die Pythagoreer glaubten, alle Zahlen seien entweder ganz oder Brüche, die man durch Division der ganzen Zahlen gewinnt ($\frac{1}{2}$, $-\frac{1}{3}$, $\frac{17}{180}$). Den meisten von uns ist Pythagoras wegen des nach ihm benannten Lehrsatzes bekannt: In einem rechtwinkligen Dreieck ist das Quadrat über der Hypotenuse (die dem rechten Winkel gegenüberliegende Seite) flächengleich der Summe der Quadrate über den beiden Katheten.

Und es kam der Tag, an dem die Pythagoreer die Rechnung mit einem Dreieck machten, dessen beide Katheten gleich lang waren, also die Seiten eines Quadrates mit der Diagonalen als Hypotenuse. So sehr sich der Klub bemühte, zu solchen ganzzahligen Katheten liess sich für die Hypotenuse weder eine ganze Zahl noch ein Bruch finden. Das Elend fing bereits bei 1 an: 1 im Quadrat plus 1 im Quadrat gleich 2 – und keine Chance, einen Bruch zu finden, dessen Quadrat 2 war. Heute wissen wir, dass die Zahlenwelt der Pythagoreer nur die rationalen Zahlen umfasste. Aber zwischen zwei noch so nahe beieinanderliegenden Brüchen liegen unendlich viele «irrationale» Zahlen, wie jene vertrackte Quadratwurzel 2, welche als Diagonale des Quadrates mit Seitenlänge 1 auftritt.

Die grässliche Entdeckung erschütterte die Pythagoreer; ihr Glaube an die Allmacht der Zahlen war in Frage gestellt. Wenn sie schon etwas so Simples wie die Diagonale eines Quadrates rechnerisch nicht in den Griff bekamen, verlor die ganze Zahlenreligion ihren Glanz. Ein tiefer Riss entstand auch zwischen Geometrie und Arithmetik, weil plötzlich ein trivialer geometrischer Sachverhalt rechnerisch nicht mehr fassbar schien.

Die Überlieferung will wissen, dass die Pythagoreer die Entdeckung der irrationalen Zahlen geheimhielten, um die Richtigkeit ihrer Lehre dem Schein nach zu wahren. Als einer aus der Bruderschaft den Frevel begangen habe, die Wahrheit doch zu verbreiten, sei er ertränkt worden.

Zähe Dirigenten, fragile Piloten

Am 5. Dezember 1978 überraschte die «New York Times» ihre Leser mit dem Ratschlag: «Lebe länger! Werde Dirigent.» Das Weltblatt belegte seine Empfehlung mit den neuesten Zahlen der Bevölkerungsstatistik: Während die Lebenserwartung für Männer in den USA bei 69,4 Jahren lag, wurden Orchesterdirigenten im Durchschnitt 73,4 Jahre alt. Grössere Unruhe stiftete am 30. März 1990 die Londoner «Times»: «60 Prozent aller Piloten in der zivilen Luftfahrt sterben vor dem 65. Lebensjahr! Die Vorsitzenden der Pilotengewerkschaft sind aufs höchste alarmiert.»

Die zähen Dirigenten wie die fragilen Piloten sind das Ergebnis falsch verstandener Statistik. Die Lebenserwartung ist ein Konstrukt: Aus den momentanen Sterberaten jeder Altersklasse wird die kumulierte Sterbewahrscheinlichkeit für das gesamte Lebensalter berechnet. Die Lebenserwartung ist dann jenes Alter, das ein heute Geborener im Mittel erleben sollte, falls die Sterbewahrscheinlichkeiten künftig gleich bleiben.

Ein Säugling mit Begabung zum Dirigenten lebt nicht länger als ein unmusikalisches Kind. Dirigent wird aber nur, wer wenigstens zwanzig Jahre alt geworden ist. Denn all die vorher verstorbenen potentiellen Karajans kommen nicht zum Zug. Wer immer also die Zwanzig erlebt, hat das Risiko, jung zu sterben, hinter sich, und seine restliche Lebenserwartung liegt statistisch einige Jahre über derjenigen Neugeborener. Ob er nun Strassenkehrer oder Dirigent wird.

Warum aber das Pilotensterben? Der Hiobsbotschaft lag vermutlich eine Statistik zugrunde, die zeigte, dass von den aktiven und ehemaligen Piloten, die im Vorjahr verstorben waren, 60 Prozent weniger als 65 Jahre alt wurden. Das bedeutet jedoch etwas ganz anderes, als die Zeitung suggerierte, und ist leicht zu erklären: Die zivile Luftfahrt hat in den letzten Jahrzehnten enorm expandiert, weshalb der Grossteil aller aktiven wie ehemaligen Piloten noch keine 65 Jahre alt ist. Wenn ein Vertreter der fliegenden Gilde heute also stirbt – an welcher Ursache auch immer –, ist er wahrscheinlich noch keine 65. In dreissig Jahren dürfte dies anders sein, weil es dann ähnlich viele Veteranen wie junge Piloten gibt.

Entlarvende Lücken

Japan ist heute für die Qualität seiner Produkte bekannt. Das war nicht immer so. In den fünfziger Jahren machte der amerikanische Experte Edward Deming japanische Industrielle mit den statistischen Methoden der Qualitätskontrolle bekannt. Ein noch heute übliches Verfahren ist die Analyse von Stichproben: Man entnimmt der Produktion laufend Muster und sucht bei den kritischen Messgrössen nach statistischen Abweichungen.

Deming ertappte seine Schüler bald schon beim Schummeln. Für ein bestimmtes Produkt waren Eisenstäbe mit einem Durchmesser von einem Zentimeter nötig. Die Stäbe durften einige tausendstel Zentimeter dicker sein, aber keinesfalls dünner, weil sie sonst später in den Halterungen zu locker fixiert gewesen wären. Der Produktionsprozess war so eingestellt, dass der mittlere Stabdurchmesser ein paar Tausendstel über dem Soll-Mass lag. Deming analysierte eine Stichprobe von 500 Stäben, die von den japanischen Inspektoren bereits vermessen worden waren, und stellte das Ergebnis in einem Balkendiagramm dar: Jeder der verschiedenen Durchmesser erhielt eine Balkenhöhe, entsprechend der Häufigkeit, mit der er in der Stichprobe vorkam.

Wie zu erwarten war, zeigte das Diagramm ein Maximum (bei 1,002 Zentimetern). Der routinierte Amerikaner sah jedoch rasch, dass sich beim Durchmesser 1,000 ein zweites Maximum zeigte; bei 0,999 Zentimeter aber klaffte eine Lücke. Die Erklärung lag auf der Hand. Die Inspektoren wussten, dass die Stäbe nicht dünner als ein Zentimeter sein durften. Und sie schoben, mehr oder weniger unbewusst, die mit 0,999 doch fast noch korrekten Muster in die Klasse 1,000.

Wissenschaftlichem Wunschdenken kam der amerikanische Zauberkünstler James Randi auf die Spur. Der französische Biologe Jacques Benveniste hatte 1988 in einer aufsehenerregenden Publikation dargelegt, dass sich homöopathische Wirkung im Labor nachweisen lässt: Eine Wasserlösung mit menschlichen Abwehrzellen zeigte noch immer eine immunologische Wirkung, selbst wenn nach extrem starker Verdünnung rechnerisch nur noch Wassermoleküle vorhanden waren.

In der glockenförmigen Kurve einer bestimmten Messreihe fand nun Randi dort, wo statistisch das Maximum zu erwarten gewesen wäre, eine verräterische Kerbe – der Forscher hatte vermutlich seine Daten manipuliert und dabei den Höchstwert unbewusst etwas gemieden.

Noch ohne Satzverlust

Benjamin Disraeli, britischer Premier im 19. Jahrhundert, soll gesagt haben: «Es gibt drei Arten von Lügen: Lügen, verdammte Lügen und Statistiken.» Und Winston Churchill wird das Bonmot zugeschrieben: «Ich traue einer Statistik nur, wenn ich sie selber gefälscht habe.» Man muss aber nicht einmal lügen, um mit Statistiken zu täuschen.

Die Sportberichterstattung scheint für Statistikspielereien ganz besonders anfällig zu sein. Walter Krämer, Professor für Wirtschafts- und Sozialstatistik an der Universität Dortmund, konstruiert in seinem Buch «So lügt man mit Statistik» ein fiktives Beispiel, wie es die Praxis durchaus liefern könnte.

Der Tennisspieler B erzielt in den ersten zehn Spielen der Saison folgende Bilanz:

Spiel:	Turnier:	Resultat:
1	1 (Australien, Rasen)	verloren
2	2 (Amerika, Hartplatz)	verloren
3	3 (Europa, Rasen)	gewonnen
4	3	gewonnen
5	3	gewonnen
6	4 (Europa, Hartplatz)	verloren
7	5 (Europa, Rasen)	gewonnen
8	5	gewonnen
9	5	gewonnen
10	5	gewonnen

Je nach Sympathie kann der Sportreporter verschiedene Schlagzeilen produzieren, die alle faktisch richtig sind. «B im Aufwärtstrend! Mehr als 85 Prozent der letzten 8 Spiele gewonnen.» Oder: «B im Abwärtstrend! In mehr als der Hälfte seiner Turniere schon in der ersten Runde ausgeschieden.» Und: «Phänomenal! B in Europa auf Rasen noch ohne Niederlage.» Aber auch: «Traurige Bilanz. B bisher auf Hartplatz ohne Sieg.»

Der dabei verwendete Trick ist den Statistikakrobaten wohlbekannt: Man suche sich einfach jene Bezugsmenge aus, die einem am besten in den Kram passt. Die Sache auf die Spitze treiben lässt sich mit der Bezugsmenge Null. Tennisspieler B hat noch nie gegen einen Linkshänder gespielt und erhält jetzt die Schlagzeile: «Super! B gegen Linkshänder noch ohne Satzverlust.» Oder halt: «Schwacher B. Noch nie einen Linkshänder besiegt.»

Godfrey Hardy, Professor in Cambridge und einer der führenden Mathematiker seiner Zeit, dachte erst an einen Spinner, als er im Jahre 1913 den Brief von Srinivasa Ramanujan aus dem indischen Madras in Händen hielt. Der 26jährige Büroangestellte hatte seinem Brief eine Sammlung von 120 mathematischen Formeln beigelegt, allerdings ohne irgendwelchen Beweis.

Nachdem Hardy eine Nacht lang über den Notizen gesessen hatte, wusste er, dass er die Arbeit eines Genies vor sich hatte: Einige der Formeln erkannte Hardy als klassische Problemlösungen seines Fachs. Andere zeigten neuartige Verknüpfungen, die der weltbeste Zahlenexperte erst nach viel Mühe als richtig bestätigen konnte. Manche der Formeln aber erschienen zutiefst geheimnisvoll. «Sie mussten wahr sein, denn wären sie das nicht gewesen, so hätte kein Mensch die Phantasie besessen, sie zu erfinden», war der Experte überzeugt.

Hardy lud Ramanujan unverzüglich nach Cambridge ein und arbeitete fünf Jahre lang mit ihm zusammen. Die methodische Meisterschaft des Engländers und die ungeschliffene Intuition des Inders harmonierten glänzend; die beiden veröffentlichten eine Reihe bahnbrechender Arbeiten über die Eigenschaften arithmetischer Funktionen. Während sich Ramanujans Ruhm schnell mehrte, verfiel jedoch seine Gesundheit. 1919 kehrte er in die indische Heimat zurück, wo er ein Jahr später starb.

Ramanujan hat sein Lebenswerk in zahlreichen «Notizbüchern» hinterlassen, deren Nutzen für die Mathematik, aber auch für Anwendungen in Physik und Technik erst zum kleinen Teil erkannt ist. So haben Physiker damit begonnen, Ramanujans Ideen in der Theorie der Superstrings anzuwenden. Und vor einigen Jahren hat man erkannt, dass seine Formel für das schrittweise Annähern an die Zahl Pi (3,1416...) effizienter als jede andere bekannte Pi-Formel ist. Mit solchen Formeln werden seit Jahren die schnellsten Computer gefüttert, um für Pi laufend noch mehr Stellen nach dem Komma zu finden. Mit einer Weiterentwicklung des Ramanujan-Verfahrens hat im April 1999 ein japanisches Team auf einem Supercomputer die Zahl auf 68,7 Milliarden Kommastellen berechnet.

Schwer fassbarer Zufall

Ein Mathematikprofessor zeigt dem Besucher zwei Zahlenfolgen:

1001110100010100011001001100101011101000
1111010111001010011010010110111001001111
0100100011010111001010111001011001000111

0100011010101101011000001000011110011000
0001000101111111011000001101011110000110
0000110001000101011111100111011011111101

Eine der beiden Folgen ist durch 120 Würfe einer Münze entstanden, wobei für «Kopf» jeweils 1 und für «Zahl» 0 notiert wurde. Die andere Folge hat ein Student mit dem Auftrag, Einer und Nullen völlig zufällig aneinanderzureihen, aufgeschrieben. Welche Variante ist die geknobelte?

Natürlich die untere Folge, erklärt der Professor schmunzelnd, obwohl dem Besucher die obere «zufälliger» erscheinen mag. Denn es dünkt den Laien doch arg seltsam, dass unten Abschnitte mit sechs und sogar sieben gleichen Ziffern hintereinander vorkommen. Aber just diese Besonderheit zeichnet den echten Zufall aus. Beim zufälligen Werfen weiss die Münze nämlich nicht, ob beim vorherigen Wurf Kopf oder Zahl fiel, und so können mit einer gewissen Wahrscheinlichkeit durchaus auch längere Folgen gleicher Würfe entstehen. Unserm Hirn dagegen ist eine Abneigung gegen exzentrische Strukturen eigen, und wir sorgen für Ordnung, selbst wenn wir Zufall haben wollen.

Die unbewussten Hirnregeln begleiten uns auch beim Ausfüllen des Lottoscheins. So setzen wir 3, 16, 25, 30, 34, 44 – in der Hoffnung, dem zufälligen Glück optimal nahe gekommen zu sein. Dabei haben wir lediglich auf dem Zahlenfeld eine optisch einigermassen gleichmässige Verteilung gewählt. Was aber für den erhofften Sechser genau gleich (un)wahrscheinlich ist wie etwa die scheinbar unmögliche Zahlenfolge 1, 2, 3, 4, 5, 6, nämlich eine aus 8 145 060 Möglichkeiten (bei 45 Lottofeldern).

Deshalb setzte unser Mathematikprofessor beim Lottospiel wohl 1, 2, 3, 4, 5, 6 – mit der Spekulation, dass er, würde diese Zahlenfolge tatsächlich ausgelost, die Gewinnsumme ziemlich sicher nicht mit andern teilen müsste. Vermutlich kreuzte der Professor aber eher 18, 19, 20, 33, 34, 35 an, denn es könnten ja noch andere Mathematiker beim Lotto mitmachen.

Im Samt versteckt

Dass ein Monolog eine recht einsame Sache ist und beim Sextett sechs Musiker loslegen, versteht sich von selbst. In unserer Sprache haben sich indes Zahlen eingenistet, die nur mit einigem Spürsinn zu finden sind. John Conway und Richard Guy liefern in ihrem Buch «Zahlenzauber» einige hübsche Beispiele.

So ist man sich wohl kaum bewusst, dass das Wort Nein eine Kombination der althochdeutschen Negation *ni* (nicht) mit «ein» ist. Auch die Zahl zwei lebt diskret in manchem Wort, etwa in solchen mit den Anfangsbuchstaben «zw»: Zwischen ist ein Ort bezogen auf zwei andere; Zweifel bedeutet Ungewissheit bei zwei Möglichkeiten; Zwillich ist ein zweifädiger Stoff; eine Abzweigung öffnet zwei Wege. Die Zwei lebt im Deutschen auch als lateinische Version *bi* oder griechische Variante *di* fort. Ein Biskuit ist (wie der Zwieback) ursprünglich zweimal gebacken; das Diplom bedeutet ein Schreiben auf einem Blatt, das zusammen- (also in zwei Teile) gefaltet wurde – der Diplomat gibt sein Diplom als Beglaubigungsschreiben ab.

Solche Entdeckungsreisen kann man entlang der Zahlenreihe munter weiterführen. Im Triumphzug wurde früher Musik im Dreitakt gespielt. Trivial leitet sich aus *trivium* ab, dem aus Grammatik, Rhetorik und

Dialektik bestehenden Dreiweg im Lehrplan der Lateiner. Und der klingende Triangel ist bekanntlich ein zum Dreieck gebogener Metallstab. In der Schwadron, der im Viereck aufgestellten Reitertruppe, verbirgt sich das lateinische *quadrum*. Eine Kaserne war ursprünglich ein Wachthaus für vier Soldaten. Beim Punsch ist des Pudels Kern das Hindi-Zahlwort *pandsch* für fünf, denn die englischen Kolonialherren pflegten fünf Sachen ins Glas zu mischen. Griechisches steckt dagegen im Samt, der schludrigen Version von *hexamitos* (*hexa*=sechs, *mitos*=Faden).

Besonders neckisch sind jene Zahlwörter, die selber als Zahlenversteck dienen. So hiess unsere heutige Elf im Althochdeutschen *einlif*, was «ein Überbleibsel», das «zu zehn noch Hinzuzuzählende» meint. Ebenso leitet sich «zwölf» von *zweilif* ab. Aber auch die Variante «Dutzend» ist ein Tarnanzug. Darin verbirgt sich das lateinische *duodecim* (zwei und zehn).

Boshafter Fermat

Der im 17. Jahrhundert in Toulouse als Jurist und Friedensrichter wirkende Pierre de Fermat interessierte sich in der Freizeit für Mathematik. Besonders angetan hatten es ihm die ganzen Zahlen. Häufig teilte er seine Erkenntnisse Mathematikern mit und forderte die Profis zum geistigen Wettstreit heraus. Dabei machte Fermat sich nicht nur Freunde, denn er setzte Ergebnisse in die Welt, ohne die eigene Beweisführung preiszugeben. Descartes nannte ihn sogar einen Prahlhans. Das wohl frechste Stück leistete sich Fermat mit der Behauptung, für die Gleichung $a^n + b^n = c^n$ gebe es keine ganzzahligen a, b und c, wenn n grösser als 2 sei (für n=2 existiert zum Beispiel: $3^2 + 4^2 = 5^2$).

Fermat hatte die Behauptung als Randbemerkung in ein Mathematikbuch gekritzelt und scheinheilig daruntergesetzt: «Für diese Behauptung habe ich einen wahrhaft wunderbaren Beweis gefunden, aber dieser Rand ist zu schmal, ihn zu fassen.» Es sollte mehr als dreihundert Jahre dauern, bis die frustrierte Gilde die als «Fermats letzter Satz» berüchtigt gewordene Behauptung beweisen konnte.

Diverse Mathematiker fanden für einzelne Werte von n den gesuchten Beweis, so Leonhard Euler im

18. Jahrhundert für n=3. Und Fermat selber hatte in einer andern Randbemerkung immerhin die Sache für n=4 erledigt. Im Laufe der Jahrhunderte folgten sich laufend verzwicktere Argumente, die aber immer nur einen bestimmten Bereich der ganzzahligen n betrafen und den umfassenden Beweis schuldig blieben.

Endlich, nachdem er sieben Jahre lang heimlich daran gearbeitet hatte, ein letztes fehlendes Glied in einer mittlerweile zum gigantischen Gebäude gewachsenen Beweiskette zu schliessen, verkündete der amerikanische Mathematikprofessor Andrew Wiles im Juni 1993: «Fermats letzter Satz ist bewiesen.» Nur um bald darauf von Fachkollegen zu erfahren, dass ihm ein Fehlschluss unterlaufen sei. Wiles liess indes nicht locker. Und am 19. September 1994 liefert er schliesslich den jetzt hieb- und stichfesten Beweis. Die Experten sind sich aber einig, dass Fermat einen so komplizierten und modernen Beweis nicht gekannt haben konnte. Vielleicht wartet ein recht einfacher und scharfsinniger Beweis nach wie vor auf seine Entdeckung.

Diskriminierte Frauen?

Vor einigen Jahren sah sich die Universität von Kalifornien mit dem Vorwurf konfrontiert, sie diskriminiere bei der Zulassung zum Studium die Frauen. Die als Beweis angeführte Statistik schien überzeugend. Die Sache hatte allerdings einen subtilen Haken, der hier an einem fiktiven Beispiel gezeigt werden soll.

Für einen schwierigen Kurs in Chemie bewarben sich 20 Männer und 40 Frauen. Akzeptiert wurde bei beiden Geschlechtern jeweils nur ein Viertel, also 5 Männer und 10 Frauen. Für einen Kurs in Medienkunde war die Hürde wesentlich niedriger: Von 60 Männern und 20 Frauen fand je die Hälfte Aufnahme – 30 Männer und 10 Frauen. In jedem der beiden Kurse nahm also ein je gleicher Prozentsatz männlicher und weiblicher Studierender die Zulassungshürde. Erstellt man nun aber eine Gesamtstatistik, sind von insgesamt 80 Männern und 60 Frauen schliesslich 35 Männer und 20 Frauen aufgenommen worden. Die Zulassungsquote beträgt jetzt für die Männer 35 von 80, also 44 Prozent, und für die Frauen lediglich 20 von 60, das heisst 33 Prozent.

Macht man die Statistik auf diese Weise, werden die Frauen scheinbar diskriminiert – obwohl in jedem der Einzelfächer nicht diskriminiert worden war. Der statistische Hund liegt dort begraben, wo die Zulassungsquote stark vom einzelnen Fach abhing. Lässt man in der Berechnung diese Variablen weg, gibt es ein verfälschtes Gesamtbild.

Ähnlich irreführend war jene Statistik, mit der eine deutsche Handelszeitung nachweisen wollte, dass Bummelstudenten später im Beruf besser verdienen als Studenten mit zügigem Studienabschluss. In einer Befragung gaben Firmen für Berufsanfänger durchschnittlich höhere Anfangsgehälter an, wenn die Studiendauer länger war. Auch hier lag die Crux in der versteckten Variablen des Studienfaches. Die höheren Gehälter betrafen nämlich vorwiegend Chemiker mit naturgemäss langem Studium, während die finanziellen Leichtgewichte vor allem Betriebswirte waren. Eine Nachkontrolle unter Berücksichtigung des Faches ergab dann das ganz andere Bild, dass die schnelleren Studenten später meist auch die anspruchsvolleren und besser bezahlten Jobs bekamen.

Zürichs Klavierstimmer

Der grosse Atomphysiker Enrico Fermi war der Meinung, ein guter Physiker müsse für jedes Problem, das man ihm stelle, einen Weg finden, um wenigstens die richtige Grössenordnung der Lösung zu finden. Er prüfte seine Studenten mit der Frage: «Wie viele Klavierstimmer gibt es in Chicago?»

Wäre Fermi in Zürich Professor, würde er folgende Überlegung erwarten: Die Stadt Zürich hat knapp 400 000 Einwohner. Bei den heute eher kleinen Familien und vielen Singles dürften es um die 200 000 Haushalte sein. In vielleicht jedem zehnten Haushalt steht ein Klavier. Also könnte es in Zürich 20 000 Klaviere geben. Ein Klavierstimmer stimmt etwa 4 Klaviere pro Tag. Das gibt bei rund 250 Arbeitstagen pro Jahr 1000 Klaviere. Wird jedes Klavier einmal pro Jahr gestimmt, könnten 20 Klavierstimmer die Arbeit in Zürich bewältigen.

Es geht nun nicht darum, wie genau diese Zahl ist. Es müsste aber doch sehr erstaunen, wenn es weniger als 10 oder mehr als 100 wären. Wir haben nachgefragt: Das Musikhaus Jecklin schätzt für Zürich etwa 20 000 Klaviere und Flügel, und der Schweizerische Verband der Klavierbauer und -stimmer nennt für die Stadt 30 Klavierstimmer.

Schätzen macht nicht nur Spass – es enthüllt auch Witz und Geist. So haben an einem Hausfest der NZZ die Kollegen aus der Sportredaktion die Frage gestellt, wie viele Schritte Maurice Greene für seinen 100-Meter-Sieg an der WM in Athen wohl gebraucht habe. Einige versuchten der Lösung nahe zu kommen, indem sie sich die Schrittlänge vorstellten und bei Schritten von beispielsweise einem Meter auf insgesamt 100 kamen. Da lachte eine der Damen. Der Sieger sei ja nach knapp 10 Sekunden ins Ziel gelaufen. Man stelle sich nun vor, was für ein komisches Gehaspel die laut unserer Schätzung über 10 Schritte pro Sekunde ergäben, argumentierte die Clevere. Indem wir jetzt vor dem geistigen Auge einen Sprint betrachteten und die Schrittfrequenz schätzten, kamen wir auf 3 bis 5 pro Sekunde und somit auf insgesamt 30 bis 50. Die richtige Lösung war dann 42 – was eine erstaunliche Schrittlänge von durchschnittlich 2,4 Metern ergibt.

Leukämie und AKW

Im Jahre 1988 machte der Bericht einer britischen Regierungskommission weltweit Schlagzeilen. Eine Studie hatte ergeben, dass zwischen 1968 und 1984 im Umkreis von 25 Kilometern von der Atomanlage Dounreay sechs Kinder an Leukämie erkrankt waren, während statistisch nur etwa halb so viele zu erwarten gewesen wären. Schlagzeilen wie «Blutkrebs neben Atommeiler» erschreckten das Publikum.

Die Meldung wurde dann allerdings durch eine zweite statistische Analyse relativiert: Es fanden sich weitere sieben Gebiete mit erhöhter Leukämiehäufigkeit. Eine dieser Regionen lag wiederum in der Nähe eines Atomkraftwerkes – die andern sechs waren jedoch Orte, wo Atomkraftwerke lediglich geplant, aber nie gebaut worden waren. Was auch immer der Grund für eine lokal erhöhte Leukämiehäufigkeit war, radioaktive Umweltverschmutzung kam nicht länger in Frage.

Mathematiker finden für das Rätsel eine simple Erklärung. Sucht man nach Ereignissen, die allgemein sehr selten sind, schwankt die Anzahl der wenigen Fälle pro Teilgebiet allein schon aus statistischen Gründen stark. Unterteilte man Grossbritannien in lauter Gebiete mit einer Bevölkerungszahl entsprechend derjenigen in der Dounreay-Studie, wären in den meisten Gebieten zwei, drei oder vier Personen leukämiekrank. Man fände ziemlich sicher aber auch Gebiete mit null oder einem und solche mit fünf, sechs oder noch mehr Fällen – ob dort nun eine Atomanlage steht oder nicht. Nur ein Vergleich sämtlicher Teilgebiete nach den Kriterien Atomkraftwerk und Leukämiehäufigkeit ergäbe eine valable Analyse.

Mit solchen Statistiken wird nicht selten absichtlich manipuliert, indem man für irgendeine Hypothese aus einer grösseren Auswahl von Teilmengen jene herauspickt, die einem schön ins Konzept passen. Also häufen sich «laut Statistik» in der Nähe von Flughäfen Missgeburten, in der Umgebung von Bankfilialen Ehescheidungen. Und so liesse sich ohne weiteres auch «beweisen», dass Kernkraftwerke in ihrer Umgebung das Leukämierisiko sogar reduzieren. Was nicht einmal so unglaublich wäre, denn Experimente an Tieren zeigen, dass minime Dosen radioaktiver Strahlung die Abwehr des Körpers stärken können.

Man nehme ein sehr langes Seil und spanne es am Äquator straff um den Globus (wobei wir uns Berge und Täler flach denken und uns die Ozeane nicht stören sollen). Dann schneide man das Seil durch und knüpfe einen zusätzlichen Meter Seil daran. Das Seil um die Erdkugel von 40 000 Kilometer Länge ist jetzt also ein ganz klein wenig länger. Wenn man nun den zusätzlichen Meter gleichmässig rund um den Globus verteilt, liegt das Seil nicht mehr straff am Boden – es entsteht zwischen Boden und Seil ein Abstand. Frage: Wie gross ist dieser Spalt? Könnte wohl eine winzige Mücke unter dem Seil durchfliegen? Oder sogar ein kleines Mäuschen unter ihm durchhuschen?

Die Antwort: Selbst unsere Hauskatze kommt durch den Spalt. Denn das Seil schwebt jetzt dem ganzen Äquator entlang 16 Zentimeter über dem Boden.

Was die meisten von uns verblüfft, hat eine simple mathematische Basis. Die ursprüngliche Seillänge war gleich dem Erdumfang U und entsprach somit dem Erdradius R mal 2Pi, also $U = 2\pi R$. Mit dem zusätzlichen Meter ändert sich die Gleichung wie folgt: $U+1 = 2\pi(R+X)$, wobei X der gesuchte Abstand zwischen Seil und Boden sei. $U+1$ sind also $2\pi R+2\pi X$. Setzt man nun für U die $2\pi R$ der ursprünglichen Gleichung ein, so ergibt sich $2\pi R+1 = 2\pi R+2\pi X$. Woraus man $X = 1:2\pi = 0{,}16$ (also 16 Zentimeter) rechnet. Erdumfang und Erdradius sind aus der Rechnung verschwunden. Ein zusätzlicher Meter im Umfang einer Kugel ergibt deshalb immer zusätzliche 16 Zentimeter beim Radius – ob es sich nun um einen Tennisball oder um die Erdkugel handle.

Warum will uns das Resultat fast nicht in den Kopf? Weil wir gefühlsmässig mit ungleichen Ellen messen. Wir sehen das riesige, lange Seil, das von Afrika über den Indischen Ozean und den Pazifik nach Südamerika und über den Atlantik wieder zurück nach Afrika gespannt ist. Und da setzen wir ein lächerliches Meterstück hinein. Muss denn dieser Zusatz von einem Bruchteil eines Millionstels nicht einen Bodenabstand ergeben, der im Vergleich zum Meterstück ähnlich verschwindend klein ist?

Wir erkennen den Trugschluss, wenn wir die 16 Zentimeter mit dem Erdradius von 6400 Kilometer vergleichen. Jetzt wirkt der Spalt ähnlich bescheiden wie das Meterstück angesichts des Erdumfanges. Wir dürfen eben globale Probleme nicht aus der Mäuschenperspektive sehen.

Schwarze Zahlenlöcher

Schwarze Löcher sind Stellen im Weltall, wo sterbende Sterne zu einem kleinen Volumen mit extrem hoher Materiedichte kollabiert sind. Wie immer man sich einem solchen Orte näherte – die Schwerkraft zöge einen rettungslos hinein ins schwarze Loch.

Solche schwarzen Löcher gibt es auch in der Mathematik. Man nehme irgendeine grössere Zahl, zum Beispiel 552 582 860, und schreibe die Anzahl gerader, ungerader sowie die gesamte Anzahl der einzelnen Ziffern hintereinander, hier also 639. Nun mache man mit dieser neuen Zahl das gleiche, was jetzt 123 ergibt. 123 führt wiederum zu 123 (einmal gerade, zweimal ungerade und total drei). Welche (mindestens dreistellige) Zahl man immer wählt, am Schluss der Reihe endet man unweigerlich im «schwarzen Loch» 123.

Warum? Selbst beim längsten Ziffernwurm führt die Rechnerei am Ende zu einer Zahl unter 1000, also zu irgendeiner dreistelligen Zahl. Dann gibt es für die Ziffernverteilung (gerade, ungerade, total) nur vier Möglichkeiten: 033, 123, 213, 303. Und alle diese Varianten haben eine gerade, zwei ungerade und insgesamt drei Ziffern – also 123.

Ein besonders hübsches Beispiel für ein schwarzes Loch ist Kaprekars Konstante: Man nehme irgendeine vierstellige Zahl (ausgenommen vier gleiche Ziffern) und verschiebe die einzelnen Ziffern so, dass die grösste sowie die kleinste mögliche Zahl entsteht. Nun nehme man die Differenz dieser beiden Werte und mache mit dem Ergebnis wieder das gleiche Spiel. Mit 8028 beispielsweise ergeben sich so 8820 und 0288 und daraus die Differenz 8532. Das gleiche Vorgehen mit dieser Zahl führt jetzt zu 6174, und die Differenz der daraus konstruierten Zahlen 7641 und 1467 beträgt erneut 6174.

Beginnen wir jedoch die Zahlenreise etwa mit 5355, tanzen die fortlaufend berechneten Differenzen wild durch die Zahlenwelt, von 1998 bis 8532. Und trotzdem landen wir schliesslich wieder bei 6174. Wie immer unsere Ausgangszahlen lauten: Nach höchstens sieben Schritten enden sie alle an der gleichen magischen Stelle im Zahlenkosmos – in einem mathematischen schwarzen Loch.

Dimensionen, die ausserhalb der Alltagserfahrung liegen, strapazieren unser Vorstellungsvermögen, von den Lichtjahren des Universums bis zur Nanowelt der Atome. Besonders exotisch kann es werden, wo Mega und Mikro zusammentreffen. Ein Physikprofessor pflegte seinen Studierenden folgende Knacknuss aufzutragen: Julius Cäsar tat unter den Dolchstichen Brutus' einen letzten, tiefen Atemzug. Frage: Besteht allenfalls die Chance, dass uns heute noch Cäsars Atem streift?

In jedem Liter Luft sind 3×10^{22} (eine Drei mit 22 Nullen dahinter) Luftmoleküle. Beim finalen Seufzer zog Cäsar zwei Liter Luft in die Lungen, was 6×10^{22} Molekülen entspricht. Die Erdatmosphäre hat grob gerechnet ein Volumen von 3×10^{21} Litern (Erdoberfläche mal 5000 Meter Höhe); sie enthält deshalb $3 \times 10^{22} \times 3 \times 10^{21}$ Moleküle, also $9 \times 10^{22} \times 10^{21}$ Moleküle.

Im Laufe der Jahrtausende blieb den ausgehauchten Molekülen des letzten kaiserlichen Atemzuges genügend Zeit, sich mehr oder weniger gleichmässig über die ganze Erdatmosphäre zu verteilen. Dividiert man nun die Zahl sämtlicher Luftmoleküle der Erdatmosphäre durch Cäsars letzten Atemzug, ergibt sich ein Verhältnis von $9 \times 10^{22} \times 10^{21}$ geteilt durch 6×10^{22}, also $1{,}5 \times 10^{21}$ zu 1.

Das heisst, in 1,5 x 10^{21} Luftmolekülen ist im Durchschnitt ein Cäsar-Atemmolekül enthalten. Wenn wir nun normal atmen, nehmen wir pro Zug einen halben Liter Luft auf, was 1,5 x 10^{22} Molekülen entspricht. Mit jedem Atemzug inhalieren wir deshalb 10 Luftmoleküle, die der Imperator höchstpersönlich noch ausgehaucht hatte.

Der Gedanke, tagein, tagaus mit jedem Atemzug ausserdem mit Kleopatra, Jesus Christus und Wilhelm Tell in Kontakt zu stehen, mag erhebend sein. Konsequent weitergedacht, sind wir auch mit Nero, Gessler und Konsorten im intimen Luftaustausch. Bei Stalin und Hitler ist es nur eine Frage der Zeit, bis die globale Luftzirkulation auch ihren giftigen Hauch jedem braven Menschen in die Lungen treibt. Das Zusammentreffen von sehr Grossem mit sehr Kleinem führt manchmal in verblüffend menschliche Dimensionen.

Eins, zwei, viel

Wir zählen beim Jassen flink die Punkte zusammen. Wir rechnen, wieviel das im Schaufenster an der Rue Saint-Honoré lockende Kleid in Schweizer Franken wohl kostet. Und falls uns Kopfrechnen Mühe macht, greifen wir zum Taschenrechner. Der Umgang mit Zahlen gehört zum Alltag. Dabei gibt es noch heute Völker, die nicht auf drei zählen können. Sie kennen ein Wort für die Einheit und ein Wort für das Paar. Alles, was darüber hinausgeht, ist «viel».

Der australische Stamm der Aranda kommt mit seinen zwei Zahlbegriffen immerhin bis vier, indem man *ninta* (eins) und *tara* (zwei) aneinanderreiht, für drei also *tara-ma-ninta* und für vier *tara-ma-tara* sagt.

Der Mensch hat schon früh herausgefunden, wie man auch ohne Zahlen zählen kann. Ein Hirte lässt ein Schaf ums andere durch das Gatter ins Freie und schnitzt für jedes Tier eine Kerbe ins Holz. Kommen die Tiere am Abend heim, kann er wiederum beim Gatter mit dem Finger von Kerbe zu Kerbe wandern und weiss am Schluss, ob seine Herde vollständig ist.

Mit solchem Mengenvergleich hat man vielerorts nicht nur Schafe, sondern auch Menschen gezählt: Feldherren liessen vor der Schlacht jeden Krieger ein

Steinchen auf einen Haufen legen. Kehrte die Armee vom Feldzug zurück, nahm wiederum jeder ein Steinchen vom Haufen. Die Steinchen, die liegenblieben, waren die Toten. Im «Kalkulieren» lebt in unserer Sprache das Steinchenzählen fort, denn das Wort geht auf das lateinische *calculo* (Kieselstein) zurück. Und mit dem Rosenkranz zählen Christen, Buddhisten und Mohammedaner ihre Lobpreisungen nach wie vor im Steinchenverfahren.

Wie jung der rechnerische Fortschritt selbst bei Hochkulturen ist, entlarvt wiederum die Sprache. Im Chinesischen steht für «Wald» dreimal das Zeichen für «Baum», wobei diese Baumversammlung auch als Synomym für «zahlreich» oder «finster» verwendet wird. Die Araber unterscheiden *rajulun* (der Mensch), *rajulani* (zwei Menschen) und *rijalun* (die Menschen). Aber auch in der modernen europäischen Sprachenwelt lebt «eins, zwei, viel» munter fort. Denn das französische *très* (sehr), das italienische *troppo* (zu viel) und die deutsche Truppe gehen auf die Zahl drei (*trois*, *tre*) als archaisches Synonym für die Vielheit zurück.

Hürdenreiches Prozentrechnen

Wenn eine Aktie 100 Prozent ihres Wertes einbüsst, ist sie nichts mehr wert. Und weniger als nichts ist bei einem Wertpapier schwer vorstellbar. Nicht so in Russland. In der NZZ vom 5. 9. 98 stand: «Am Vortag waren für den Greenback 18 Rubel zu bezahlen. Dies bedeutet, dass der Tauschwert des Rubels gegenüber dem 17. August um etwa 200 Prozent zurückgegangen ist. An jenem Tag hatte der Handel noch mit einem Kurs von 6.30 Rubel für 1 Dollar eröffnet.»

Was ist hier mathematisch schiefgegangen? Eine Prozentangabe stellt eine veränderte Menge im Vergleich zu einer Ausgangsmenge dar, wenn man diese als hundert Einheiten sieht. Dazu dividiert man die neue Menge durch die Ausgangsmenge und multipliziert mit hundert. Am 17. August war der Tauschwert des Rubels gegenüber dem Dollar 6.30 zu 1; man bekam für einen Rubel 15,9 Cents. Am 4. September brauchte es 18 Rubel für einen Dollar; ein Rubel galt also noch 5,6 Cents. Der Tauschwert war somit 5,6 durch 15,9 mal 100, also 35,2 Prozent gegenüber dem Ausgangswert – und somit um 64,8 Prozent gesunken. Um etwa 200 Prozent gestiegen war der Tauschwert des Dollars, nämlich von 6.30 auf 18 Rubel pro Dollar. Der Unsinn in der Zeitung passierte, weil sich der Journalist bei der Prozentturnerei an die falsche Bezugsgrösse hängte.

Man kann die Bezugsgrösse richtig wählen und trotzdem falsch liegen. So rühmte sich unlängst die kalifornische Schulbehörde, der Leistungsindex der Schüler sei in den siebziger Jahren um 60 Prozent gesunken, seither aber wieder um 70 Prozent gestiegen. Somit hätten die Schüler den Leistungsabfall mehr als wettgemacht. Eine falsche frohe Botschaft. Denn bei einem Index von 100 um 1970 sank dieser zuerst um 60 Prozent auf 40. Eine Verbesserung um 70 Prozent ergibt nur 70 Prozent von 40, also 28. Womit die Schüler beim neuen Indexstand von 68 (die Summe aus 40 und 28) noch immer viel schlechter sind als die Kameraden von 1970 mit ihrem Index von 100.

Just wie der Spieler im Casino, der zu seinen 100 Franken 50 dazugewinnt, den Gewinn aber umgehend wieder verspielt. Noch Glück gehabt, denkt der Mann, war ich doch durch den Gewinn um 50 Prozent reicher geworden und habe jetzt lediglich 33 Prozent verloren.

Ein lebender Computer

Vor einem Vierteljahrhundert sass am Cern ein kleiner Holländer in seinem Büro und erledigte tagein, tagaus im Kopf, was die Kollegen gerechnet haben wollten. Für das Multiplizieren zweier fünfstelliger Zahlen brauchte Wim Klein nur wenige Sekunden; 1 388 978 361 mal 5 645 418 496 schaffte er in 64 Sekunden. Wim war schon als Bub von Zahlen besessen. Er spielte mit Primzahlen wie andere Kinder mit Bauklötzchen. In der Schule allerdings bekam er Probleme, denn er rechnete nicht so, wie der Lehrer es gezeigt hatte, und wusste die Lösung trotzdem fast sofort. Später landete er als Rechenkünstler im Variété, bis ihn 1958 die theoretischen Physiker als 46jährigen nach Genf ins Cern holten, wo er bis 1976 sein Hirn für Probleme arbeiten liess, für die es damals noch keine Computer gab.

Kleins Talent war sein phänomenales Zahlengedächtnis. Sagte man ihm eine 24stellige Zahl, konnte er sie eine halbe Stunde später problemlos vor- und rückwärts hersagen, obschon man ihn zwischendurch mit Dutzenden von andern Aufgaben beschäftigt hatte. In seinem Gedächtnis gespeichert hatte er auch sämtliche Multiplikationen bis 100 mal 100, alle Quadratzahlen bis 1000 mal 1000, die fünfstelligen Logarithmen der Zahlen bis 150 sowie alle Primzahlen unterhalb von

10 000. So ausgerüstet zerlegte er eine Aufgabe in Teilaufgaben und baute aus den Teillösungen blitzschnell das Schlussresultat.

Er kannte eine Unmenge von Abkürzungen in der Zahlenwelt. 1953 wollte ihm ein Verkäufer die Leistung eines neuen Wurzelrechners demonstrieren und tippte als Knacknuss lauter 5 in die Maschine. Noch bevor der Händler die Berechnung starten konnte, sagte Klein, die Wurzel des zwölfstelligen Fünferwurms dürfte etwa bei 745 356 liegen. Als nach einiger Zeit 745 355,9924 auf der Anzeige stand, fiel der Verkäufer fast in Ohnmacht. Klein hatte sofort gesehen, dass 0,555... dem Dezimalbruch 5/9 entsprach. Und die Quadratwurzel davon lässt sich sofort als 1/3 mal Wurzel 5 berechnen.

1986 wurde Wim Klein in seiner Wohnung in Amsterdam ermordet. Noch mit 71 Jahren hatte er einen Weltrekord im Kopfrechnen aufgestellt: die 73. Wurzel einer 505stelligen Zahl in 1 Minute 43 Sekunden.

Narzisstische Zahlen

Addiert man die Potenzen 1^3, 5^3 und 3^3, also $1^3+5^3+3^3$, so erhält man just die Summe 153. Die Sache funktioniert auch mit $3^3+7^3+0^3=370$, mit $3^3+7^3+1^3$ sowie mit $4^3+0^3+7^3$. Dann ist das Spiel mit der Potenz 3 fertig. Für die 4 findet man etwa $1^4+6^4+3^4+4^4=1634$ und noch zwei weitere vierstellige Zahlen. Mit der 2 jedoch geht es gar nicht; keine zweistellige Zahl stimmt mit der Summe der Quadrate ihrer Ziffern überein.

Mathematiker nennen eine x-stellige Zahl, die sich als Summe der x-ten Potenzen ihrer Ziffern darstellen lässt, narzisstisch. Vielleicht soll die Bezeichnung zum Ausdruck bringen, dass eine narzisstische Zahl jede ihrer Ziffern vervielfacht und sich so gleichsam von allen Seiten im Spiegel bewundert.

Mit der Namensgebung hört der Spass für den Fachmann aber auch schon auf. Denn was die Zahlenfreaks fasziniert – die Suche nach möglichst vielen narzisstischen Zahlen –, setzt lediglich Fleissarbeit ohne kreatives Denken voraus und langweilt die Mathematiker. Dennoch nahm ihre Gilde in den achtziger Jahren die Mühe auf sich, (vermutlich per Computer) zu beweisen, dass es insgesamt genau 88 narzisstische Zahlen gibt, die trivialen Lösungen der einstelligen Zahlen 0 bis 9 (also etwa $8^1=8$) inbegriffen.

Die narzisstischen Zahlen wachsen nicht in den Himmel. Um dies einzusehen, muss man jeweils die kleinste n-stellige Zahl (zum Beispiel 100 als kleinste dreistellige Zahl) neben die grösstmögliche Summe aus den n-ten Potenzen von n Ziffern (in unserem Beispiel $9^3+9^3+9^3=2187$) halten. Dabei stellt man fest: Dividiert man die beiden Zahlen (also 100 : 2187), rückt der Wert ab Potenz 10 immer näher an eins und übersteigt ab der 61. Potenz schliesslich eins. Die kleinste 61stellige Zahl (10^{60}) ist also grösser als 61×9^{61}. Diese Überlegung zeigt, dass es keine narzisstische Zahl mit mehr als 60 Stellen geben kann.

Na ja, doch noch etwas Denkarbeit, mag der Mathematiker zu dieser Grenzbetrachtung bemerken. Und zum Plaisir schiebt er vielleicht noch die grösste aller narzisstischen Zahlen nach, ein 39stelliges Wesen: 115132219018763992565095597973971522401. Wer es nicht glaubt, muss rechnen: $1^{39}+1^{39}+5^{39}+1^{39}+3^{39}+\ldots$

Warum Holländer gross sind

Suchen Forscher oder Politiker ein Mass für das Wohlergehen einer Gesellschaft, nehmen sie gerne das Pro-Kopf-Einkommen, eine recht fragwürdige Messlatte. Sie zeigt nämlich nicht, wie der Wohlstand gestreut ist. Vor zwanzig Jahren haben Ökonomen an der Universität Chicago als Indikator der wirtschaftlichen Entwicklung eine erstaunlich simple Alternative gefunden: die durchschnittliche Körpergrösse. Die sogenannte anthropometrische Geschichtsforschung hat zu verblüffenden Erkenntnissen geführt.

In den letzten hundert Jahren hat die durchschnittliche Körpergrösse in Europa um fast 20 Zentimeter zugenommen. Man führt dies vor allem auf eine bessere Versorgung mit Proteinen zurück. Anfang des 19. Jahrhunderts jedoch sind in Europa und in Nordamerika die Menschen kleiner geworden, obschon die Industrialisierung damals überall zu einer massiven Erhöhung des Pro-Kopf-Einkommens führte. Dies lässt sich folgendermassen erklären: Das wirtschaftliche Wachstum begünstigte die Menschen sehr ungleich; die Reichen wurden viel reicher, die Armen noch etwas ärmer. Je ungleichmässiger aber das Pro-Kopf-Einkommen verteilt ist, desto kleiner ist die mittlere Körpergrösse. Denn wer bereits gut ernährt ist, wird durch noch mehr

Fleisch und Butter kaum grösser. Wer aber am Limit lebt, wird von jeder Verschlechterung stark getroffen.

Eine ziemlich ausgeglichene Einkommensverteilung in Holland erklärt auch, warum die Holländer heute grösser sind als die Amerikaner, obwohl das Durchschnittseinkommen in den USA höher ist. Vor 150 Jahren waren die Holländer im Schnitt noch 165, die Amerikaner dagegen 172 Zentimeter gross.

Die Körpergrösse ist ein subtiler Massstab. So können sich wirtschaftliche Rezessionen von nur wenigen Jahren dauerhaft in den Körpergrössen der jeweiligen Kinderjahrgänge einprägen. Die einschlägigen Zahlen zeigen zum Beispiel auch, dass die Iren in der zweiten Hälfte des 19. Jahrhunderts im Zuge modernen Wirtschaftens ihre landwirtschaftlichen Produkte zu exportieren begannen. Dadurch verschlechterte sich ihre eigene Ernährung, und prompt büsste die Bevölkerung einige Zentimeter ein.

Schätzen mit Methode

Wer als Schweizer seinen Militärdienst leistet, mag neben dem üblichen Frust durchaus auch das eine oder andere Nützliche ins Zivilleben heimnehmen. Mein Gewinn war das Minimax-Verfahren.

Als Minenwerferkanonier musste man im Gelände möglichst schnelle und genaue Schätzungen der Distanz vom Werfer zum Ziel anstellen. Dazu mussten zwei Fragen beantwortet werden: Wie weit ist das Ziel mit Sicherheit mindestens entfernt? Und wie weit höchstens? So war man beispielsweise überzeugt, das Felsköpfchen im Krauchtal sei zwar mehr als 400 Meter, aber niemals einen Kilometer weit weg. Zählte man 400 und 1000 Meter zusammen und teilte durch zwei, ergab sich ein Minimax-Mittelwert von 700 Metern. Wir waren immer wieder erstaunt, wie nahe diese scheinbar krude Schätzmethode an den wahren Wert führt.

Es macht Vergnügen zu sehen, wie auch in der Öffentlichkeit immer wieder Minimax praktiziert wird, wobei sich die Akteure vermutlich der Methode kaum bewusst sind. Unlängst berichtete der NZZ-Korrespondent aus Paris, dass das Volk gegen ein neues Ausländergesetz auf die Strasse gegangen sei: «Die Polizeipräfektur sprach von 33 000 Demonstranten, die Organisatoren von 150 000. Unabhängige Schätzungen lagen zwischen 80 000 und 100 000 Teilnehmern am Marsch.» Als er das las, schmunzelte der alte Kanonier, denn die unabhängige Schätzung lag wie ein guter Minimax-Wert genau zwischen den beiden politisch motivierten Extremen.

Eher stutzig machte hingegen vor ein paar Jahren eine Meldung der Internationalen Walfangkommission, wonach ein wissenschaftlicher Ausschuss den Bestand an Zwergwalen im Nordostatlantik für 1992 auf zwischen 61 000 und 117 000 Tiere schätzte. Man fragte sich, woher die Fachleute diese scheinbar genauen Zahlen hatten. Sinnvoll wäre wohl gewesen, 60 000 als geschätzten Minimalwert und 120 000 als Maximalwert zu nennen und dann daraus den Mittelwert 90 000 zu bilden. Vollends aber staunte man, als es im weiteren hiess, dass der Ausschuss sich auf einen Kompromiss einigen musste und schliesslich verkünden liess, dass es mit 95prozentiger Wahrscheinlichkeit 86 700 Tiere seien.

Wie das Milchmädchen rechnete

Im Januar 1998 präsentierten Politiker verschiedener Parteien in Bonn einen Gesetzesantrag, wonach das Rauchen künftig auch am Einzelarbeitsplatz deutlich eingeschränkt werden soll. Um den Nikotinbedürftigen die Qual der temporären Abstinenz zu erleichtern, habe man Raucherräume und Rauchpausen einzurichten. Der «Verband der Cigarettenindustrie» wehrte sich gegen den Antrag mit dem Argument, Raucherräume und zusätzliche Pausen brächten der Wirtschaft Mehrkosten von gegen 30 Milliarden Mark pro Jahr. «Eine Milchmädchenrechnung», konterte die CDU-Bundestagsfraktion. Denn der Volkswirtschaft entstünden durch das Rauchen allein schon 80 Milliarden Mark an Gesundheitskosten pro Jahr.

Verqueres Zahlendenken mit dem Begriff «Milchmädchenrechnung» zu brandmarken ist eigentlich falsch. Die Berliner Firma Carl Bolle liess Mädchen mit Fuhrwerken Milch an die Hausfrauen verkaufen. Eines dieser «Bolle-Mädchen» soll das Einmaleins nur bis fünf mal fünf beherrscht haben, was die Kundschaft schamlos auszunützen pflegte. Eines Tages aber verblüffte dieses Mädchen seine Kundinnen mit einer neuen Rechenmethode, die jetzt auch bis zehn mal zehn rasch das richtige Resultat brachte:

Alle Multiplikationen mit Zahlen zwischen fünf und zehn führte es mit seinen beiden Händen durch. Aus der geschlossenen linken Faust streckte es der Reihe nach Finger für die erste Zahl aus, die es ab fünf wieder einzog. Bei der Zahl sieben etwa blieben so drei Finger gestreckt. Die zweite Zahl markierte das Mädchen in gleicher Weise mit den Fingern der rechten Hand; für die Zahl acht beispielsweise waren dann noch zwei Finger gestreckt. Nun zählte es die eingezogenen Finger beider Hände zusammen und vermerkte das Resultat als Zehner. Dann multiplizierte es die gestreckten Finger der linken Hand mit denjenigen der rechten und addierte das Ergebnis als Einer zu den Zehnern.

Man kann den Trick selber ausprobieren. Die mathematische Richtigkeit zeigt sich, wenn man für die wieder eingezogenen Finger a und b setzt und die Sache algebraisch nachvollzieht. Man muss nur die ursprüngliche Multiplikation $(5 + a)\ (5 + b)$ mit der vom Milchmädchen mit den eingezogenen und gestreckten Fingern gemachten Rechnung $10\,(a + b) + (5 - a)\ (5 - b)$ vergleichen, um festzustellen, dass Ausmultiplizieren der beiden Formeln schliesslich dasselbe Resultat ergibt $(25 + 5a + 5b + ab)$.

Wo das Bolle-Mädchen seine mathematische Finesse erwarb, blieb allerdings sein Geheimnis.

Auf meinem Tisch liegt «Yellow World», die Kundeninformation der Post. Die Broschüre will das neu lancierte «Gelbe Deposito-Konto» schmackhaft machen – die Möglichkeit, nun alle Geldgeschäfte beim «vertrauten Partner» zu erledigen. Dass für die erweiterten Finanzdienstleistungen des Brief- und Päcklitransporteurs ein Bedarf bestehe, belegt die Post mit dem Argument, die Schweiz sei mehr denn je ein Volk der Sparer, denn die Spareinlagen bei den Banken hätten sich in den letzten Jahren beinahe verdoppelt.

Damit das Faktum des sparfreudigen Schweizers auch gehörig ins Auge springt, setzt die Broschüre die Zahlen der Schweizerischen Nationalbank in eine Grafik um: Für die Jahre 1990 bis 1997 stehen rosarote Sparschweinchen, jedes so dick wie die Spareinlagen der entsprechenden Jahre. So wird aus dem mickrigen Schweinchen des Jahres 1990 mit 129 Milliarden Franken bis 1997 ein imposanter Kerl von 237 Milliarden.

Die Grafik ist aber eine Mogelpackung. Denn was wir sehen, ist für 1997 ein Schwein, das nicht nur in der Höhe, sondern auch in der Breite doppelt so dick geworden ist, also in der Zeichnung das Vierfache der ursprünglichen Fläche belegt. Noch schlimmer: Mit Farbschattierungen wird das Hirn des Betrachters daran erinnert, dass Sparschweinchen ja dreidimensionale Wesen mit entsprechendem Volumen sind. Was bei einem Wachstum auf doppelte Höhe schliesslich ein Mastschwein mit achtfachem Gewicht ergibt.

Der Grafiktrick ist uralt. Bereits 1954 hat Darrell Huff in seinem zum Klassiker gewordenen «How to Lie with Statistics» den auf das achtfache Volumen angeschwollenen Geldsack vorgestellt, nachdem sich der mittlere Wochenlohn des englischen Arbeiters, dargestellt als Sackdurchmesser, verdoppelt hatte. Was Huff vor einem halben Jahrhundert mit Beispielen aus den Medien und aus Firmenpublikationen blossstellte, wird also auch heute noch gepflegt – aus eiskalter Berechnung oder unschuldiger Naivität. Dabei wäre optische Aufrichtigkeit keine Hexerei. Die Verdoppelung einer Geldmenge beispielsweise könnte grafisch als doppelt so hoher Turm von Banknoten dargestellt worden. Oder auch als Sparschwein mit doppeltem Volumen, dessen Bauchumfang dann ehrlicherweise halt lediglich 26 Prozent zugelegt hat.

Manipuliert, aber wahr

Man kann mit Zahlen manipulieren, ohne zu lügen. Eine Operation, bei der 95 Prozent der Patienten überleben, mag für uns akzeptabel sein. Wir schrecken jedoch vor dem gleichen Eingriff zurück, wenn man uns sagt, jede zwanzigste Operation verlaufe tödlich. Und wo die Vereinigung für Atomenergie die Stärke einer radioaktiven Quelle mit einem Tausendstel Curie angibt, wird Greenpeace ziemlich sicher von 37 Millionen Becquerel reden.

Besonders hinterlistig sind jene Statistiken, wo man die versteckte Wahrheit nicht mehr ohne weiteres finden kann. So ergibt eine Umfrage 67 Prozent ablehnende Stimmen, wenn lediglich drei Leute befragt worden sind und zwei davon sich negativ äusserten. Die Manipulation auf die Spitze getrieben hat wohl jene legendäre Meldung der «Prawda», welche nach einem Eishockey-Länderspiel zwischen der Sowjetunion und den USA die Niederlage der eigenen Mannschaft kaschierte, indem von einem Turnier berichtet wurde, «mit unseren Jungens als ehrenvolle Zweite und den Amerikanern als Vorletzte».

Das Ersetzen einer mathematischen Grösse durch eine gleichwertige andere hat schon zum politischen Skandal geführt. 1978 wurde in Holland bekannt, dass 38 Parlamentarier und 8 Regierungsmitglieder rasch noch eine Steuerlücke ausnutzten, bevor das Gesetz sie schloss. Das Volk reagierte sauer. Eine Untersuchungskommission bekam den Auftrag, die Sache abzuklären und die unmoralischen Politiker zu eruieren.

Nach etlichem Hin und Her stellte sich heraus, dass es diese 38 und 8 einzelnen Menschen gar nicht gab. Denn jemandem war schliesslich aufgefallen, dass 38 und 8 gerade das gerundete Viertel der insgesamt 150 Parlamentarier und 33 Regierungspersonen waren. Und an der Quelle der Anschuldigung hatte die (möglicherweise begründete) Vermutung gestanden, dass wohl ein Viertel der Palamentarier und der Regierung sich unanständigerweise der Steuerlücke bedienten. Irgendwer hatte dann aus dem «Viertel» konkrete Zahlen gemacht und so eine grobe Schätzung in eine scheinbar präzise Aussage verwandelt. Was mathematisch gleichwertig scheint, wirkt manchmal recht verschieden.

Die Mathematik des Fussballs

Das Meistercup-Finale vom 26. Mai 1999 in Barcelona wird den Fans noch lange in Erinnerung bleiben. Nachdem Bayern München gegen Ende des Matches dank einem 1:0-Vorsprung sich bereits als sicherer Gewinner gefühlt hatte, schaffte Manchester United nach Ablauf der regulären Spielzeit das scheinbar Unmögliche: In der kurzen Nachspielzeit trafen die Briten gleich zweimal ins Goal und kamen so in allerletzter Minute doch noch zum Sieg.

Was dem Sportvolk als unglaubliche Kehrtwendung erschien, verblüffte Michael Robinson und Mark Dixon wohl weniger. Die englischen Mathematiker hatten sich die Mühe genommen, 7000 Fussballspiele der englischen Liga im Detail statistisch zu sezieren. Schon frühere Statistiken konnten das Resultat eines Matches mit einer gewissen Wahrscheinlichkeit vorhersagen, indem man die in vergangenen Spielen erzielten und erlittenen Treffer für die einzelnen Mannschaften (also deren offensives und defensives Potential) analysierte. Die neue Studie erlaubt nun auch Vorhersagen darüber, wann im Laufe des Matches die Tore fallen. Sie zeigt, dass Tore umso wahrscheinlicher werden, je länger ein Spiel bereits dauert. Robinson vermutet, dies habe seinen Grund in der wachsenden Müdigkeit der Abwehrspieler.

Die Daten von Robinson und Dixon zeigen ausserdem eine Abhängigkeit der Trefferquote von den im Spiel schon erzielten Toren. So kommt es nach einem herausgespielten Vorsprung des Auswärtsteams überdurchschnittlich häufig zu relativ hohen Schlussresultaten – weil möglicherweise das Heimteam seinen Effort verstärkt, um sich vor seinem Publikum nicht zu blamieren.

Den Liverpooler Sportwissenschafter Thomas Reilly interessiert eher die räumliche Strategie eines Fussballspiels. Er analysierte 36 Spiele der Weltmeisterschaft von 1998, indem er das Spielfeld in 18 gleich grosse Rechtecke einteilte und dann für jedes Spiel registrierte, was zu welcher Zeit wo passierte. Als heisse Zone stellte sich das Rechteck unmittelbar vor dem Strafraum heraus. Die erfolgreichen Mannschaften hatten aus dieser Zone im Durchschnitt 25 Pässe oder Torschüsse lanciert, während die Verlierer aus ihrem Goalvorfeld nur 15mal schossen und sonst in Tornähe eher aus den beiden seitlichen Zonen flankten.

Kepler und die Kanonenkugeln

Als das Problem vor 400 Jahren auftauchte, schien es eher harmlos. Der englische Seefahrer Sir Walter Raleigh wollte damals wissen, wie er rasch und zuverlässig die Anzahl der Kanonenkugeln schätzen könnte, die sich in den Munitionskisten auf seinem Schiff stapelten. Ein befreundeter Mathematiker, Thomas Harriot, verfeinerte das Problem zur Frage, wie die Kugeln am raumsparendsten in die Kisten zu packen wären.

Harriot konsultierte den deutschen Astronomen Johannes Kepler, der sich mit Atomtheorien beschäftigte und daher an der Aufgabe interessiert war. Durch Ausprobieren mit Modellkugeln kam Kepler 1611 auf eine Lösung, von der er vermutete, dass sie die beste sei: Man lege auf der untersten Ebene die Kugeln Reihe um Reihe aneinander und versetze die Reihen jeweils um eine halbe Kugel gegeneinander; dies ergibt ein bienenwabenartiges Muster. Die Kugeln der zweiten Ebene lege man dann in die Mulden der Kugeln der ersten und so weiter. Wenn von Palermo bis Hongkong viele Früchtehändler die Orangen nach genau diesem Muster stapeln, haben sie wie Kepler das mathematische Optimum intuitiv erkannt.

So trivial diese Anordnung erscheinen mag, der mathematische Beweis, dass damit tatsächlich die dichteste Kugelpackung gefunden war, wollte und wollte nicht gelingen. Im Jahr 1900 setzte David Hilbert die «Keplersche Vermutung» auf seine legendäre Liste der 23 wichtigsten noch ungelösten mathematischen Probleme. Nachdem mittlerweile 21 dieser Nüsse geknackt waren, gelang 1998 dem Amerikaner Thomas Hales endlich auch der Kepler-Beweis. Allerdings nicht mit ein paar eleganten Gleichungen im Stile der alten Griechen, sondern mit einem mathematischen Monster auf 250 Manuskriptseiten und mit massiver Computerpower.

Hales hatte in einem ersten Schritt sämtliche Möglichkeiten gesucht, wie man Kugeln einigermassen eng packen kann, und kam auf über 5000 Varianten. Dann unterzog er sie am Computer einzeln einem Optimierungsprozess, indem er prüfte, ob sich mit geringfügigem Verschieben der Kugeln allenfalls das Volumen komprimieren lasse. Nur eine einzige Packungsvariante widerstand dem rechnerischen Komprimierungsmanöver: die Keplersche Packung. Damit war endlich bewiesen, dass sie mit einer Raumausnützung von 74,048 Prozent für Orangenhändler und Kanonenkugelwarte in der Tat das Maximum bietet.

Wie alt ist der Kapitän?

Man weiss Folgendes: Das Produkt aus dem Alter des Kapitäns (in Jahren), der Anzahl seiner Kinder und der Länge seines Schiffes (in Metern) beträgt 15 933. Wie alt ist der Kapitän? Die alte Scherzfrage, mag der Leser denken. Weit gefehlt! Versucht man nämlich drei Zahlen zu finden, die miteinander multipliziert 15 933 ergeben, zeigt sich Erstaunliches.

Bei der Zerlegung einer Zahl in möglichst viele Faktoren bleiben am Schluss nur Primzahlen übrig – Zahlen grösser eins, die sich nur durch sich selber und durch eins teilen lassen. Für die Zahl 126 zum Beispiel lauten die Primfaktoren 2 x 3 x 3 x 7. Alle anderen Zerlegungen von 126, etwa 9 x 14 oder 6 x 21, enthalten Faktoren, die sich in die genannten Primzahlen weiterzerlegen lassen. Jeder Zahl kann man also eine eindeutige Menge von Primfaktoren zuordnen.

Um die Primfaktoren von 15 933 zu suchen, nimmt man am besten eine Liste der Primzahlen von 2 an aufwärts und probiert der Reihe nach, ob man 15 933 durch sie teilen kann. Erweist sich hier bereits die 3 als brauchbarer Teiler, muss man sich für weitere Erfolge bis 47 und 113 gedulden. Und siehe da: Diese drei Primzahlen (und nur diese) ergeben miteinander multipliziert 15 933.

Auf die vermeintliche Scherzfrage gibt es also eine ernsthafte Antwort: als Alter des Kapitäns kommt nur 47 in Frage. Und wie die beiden anderen Primfaktoren der Anzahl Kinder sowie der Länge des Schiffes zuzuordnen sind, ist in diesem Fall auch eindeutig.

Mit der Eindeutigkeit der Primzahlzerlegung arbeitet heute das wohl sicherste System zur Verschlüsselung von Nachrichten. Nimmt man zwei sehr grosse Primzahlen, zum Beispiel solche mit je 70 Stellen, und multipliziert sie miteinander, ergibt sich eine zusammengesetzte Zahl mit etwa 140 Stellen. Derart grosse Primzahlen lassen sich mit Computerhilfe leicht finden und auch multiplizieren. Für den umgekehrten Schritt – das Aufspüren der zwei Primfaktoren bei Kenntnis der zusammengesetzten Riesenzahl – gibt es aber kein praktikables mathematisches Verfahren.

Dieser Sachverhalt wird bei Verschlüsselungsverfahren nun ausgenutzt: Eine geheime Botschaft, die mit Hilfe der zusammengesetzten Zahl codiert und übermittelt wird, kann vom legitimen Empfänger nur dechiffriert werden, weil er die beiden Primfaktoren kennt.

Mathematik ist die Welt des Rationalen und Berechenbaren; Sprache ordnen wir eher den Gefühlen zu. Und doch hat auch die Sprache ihre mathematischen Gesetzmässigkeiten.

In New York veröffentlichten in den Jahren 1787 und 1788 Alexander Hamilton, John Jay und James Madison 85 Schriften. Mit den «Federalist Papers» wollten sie die Bevölkerung für die neue Staatsverfassung gewinnen. Für Historiker sind diese Schriften wichtig, denn sie geben Einblick in das Denken jener Männer, die die Verfassung der Vereinigten Staaten entscheidend mitgestalteten. Zum Leidwesen der Geschichtsforscher tragen die einzelnen Texte jedoch keinen Autorennamen. Mit Hilfe anderer Quellen war es trotzdem gelungen, den Grossteil der «Federalist Papers» zuzuordnen: 51 Schriften stammen von Hamilton, 14 von Madison, 5 von Jay und 3 hält man für Gemeinschaftsarbeiten.

Bei den restlichen zwölf Schriften aber blieb die Autorenschaft offen. Bis Frederick Mosteller und David Wallace 1962 die Nuss mit mathematischen Methoden knackten, wie Keith Devlin im Buch «Muster der Mathematik» berichtet. Gestützt auf die Beobachtung, dass jeder Autor einen persönlichen Schreibstil hat, suchten die beiden Mathematiker nach sprachlichen Häufigkeitsmustern. In Dutzenden von Schriften, deren Urheber unbestritten jeweils einer der drei Politiker war, ermittelten sie per Computer, wie oft 30 Wörter der englischen Sprache vorkommen.

Die linguistischen Vorlieben Jays erwiesen sich bald schon als sehr verschieden von denjenigen seiner beiden Kollegen. So taucht bei ihm das Wort *the* pro 1000 Wörter im Mittel 67mal auf, bei Hamilton dagegen 91mal und bei Madison 94mal. Auch die Verwendung sinnverwandter Ausdrücke kann ein Kriterium sein. Ergab die Analyse für *while* und *whilst* keinen merklichen Unterschied, wurden die Forscher bei *on* und *upon* fündig: Hamilton verwendet beide Wörter praktisch gleich oft; bei Madison findet sich *upon* fast nie.

Das einzelne analysierte Wort überzeugt statistisch noch wenig. Aber die kombinierte Analyse aller 30 Wörter liefert für jeden Autor einen individuellen linguistischen Fingerabdruck. Als Autor aller 12 noch nicht zugeordneten «Federalist Papers» ergab sich nach dem mathematisch-linguistischen Wörtervergleich mit grosser Sicherheit James Madison.

Der sechsmilliardste Weltbürger

Am 12. Oktober 1999 ist in Sarajewo der sechsmilliardste Weltbürger zur Welt gekommen. Natürlich war die exakte geographische Zuordnung von der Uno nur symbolisch gemeint. Hat aber wenigstens der Zeitpunkt gestimmt? Ist an diesem Tag irgendwo auf der Welt die sechste Menschenmilliarde voll geworden? Wohl kaum.

Die Uno schätzt den momentanen weltweiten jährlichen Zuwachs auf 78 Millionen Menschen. Dies ergäbe pro Tag 214 000. Um damit genau am 12. Oktober auf 6 Milliarden zu kommen, hätten die Uno-Statistiker in New York die Weltbevölkerung auf etwa 100 000 genau kennen und davon ausgehen müssen, dass am 1. Januar dieses Jahres 5 939 100 000 Menschen lebten. In der Schweiz sind die Behörden tüchtig genug, um ihre Wohnbevölkerung auf ein paar Hundert genau zu kennen, was bei 7 Millionen Einwohnern eine Genauigkeit von etwa 0,1 Promille ergibt. Wer aber alles in einem Tälchen in Tibet, in den Slums von Bombay, im Hinterland von Ouagadougou auf die Welt kommt und stirbt, davon haben die lokalen Behörden nur eine grobe Ahnung. Deshalb dürften die 6 Milliarden nur auf ein paar Prozent genau sein, was eine Unschärfe von 100 bis 200 Millionen Menschen ergibt. Unser sechsmilliardster Kamerad hätte also das Licht der Welt ebensogut am 1. August 1998 erblicken können, wenn er es nicht erst am 11. November 2001 tut.

Mit gebührender Ungenauigkeit lässt sich auch die bisherige Entwicklung betrachten. Etwa um 1804 war die erste Milliarde, 1927 die zweite, 1960 die dritte, 1974 die vierte und 1987 die fünfte Milliarde voll. Berechnet man die jährlichen Zuwachsraten für die einzelnen Milliardenschritte, ergibt sich für denjenigen von der ersten zur zweiten Milliarde 0,5 Prozent. Zwischen der dritten und der vierten Milliarde erreicht die Rate ein Maximum von über 2 Prozent, und für die jüngste Milliarde liegt sie bei 1,5 Prozent.

Wie kaninchenhaft Homo sapiens sich in den letzten hundert Jahren gebärdete, zeigt eine einfache «Zinseszinsrechnung»: Vor 100 000 Jahren existierten vielleicht um die 10 000 Menschen. Damit bis Anfang des 19. Jahrhunderts daraus die erste Milliarde wurde, war eine Zuwachsrate (ein «Zinssatz») von 0,01 Prozent nötig. Um bei solchem Wachstum die 10 000 Urahnen auf 20 000 Menschen zu verdoppeln, brauchte es damals 7000 Jahre. Der moderne Mensch hingegen hat es fertig gebracht, sich in nur 40 Jahren von 3 auf 6 Milliarden zu verdoppeln.

Landesweiter Aids-Test?

Man hört gelegentlich, vorsorgliche Untersuchungen sollten auf sämtliche für eine gewisse Krankheit in Frage kommenden Menschen ausgedehnt werden. So seien etwa alle Frauen regelmässig auf Brustkrebs zu untersuchen, oder alle sexuell aktiven Leute sollten sich einem Aids-Test unterziehen. Abgesehen von den horrenden Kosten spricht aber auch eine statistische Überlegung gegen so umfassende Abklärungen: Selbst kleinste Unsicherheiten im einzelnen Test können bei grossen Serien zu riesigen Fehlermengen führen.

Verlangt man beispielsweise von einem Aids-Test eine Sensitivität von 99,8 Prozent, bedeutet dies, dass der Test unter 1000 HIV-Infizierten 998 als solche erkennt. Und die Spezifität eines Tests sagt, wieviel gesunde Menschen er als gesund ausweist. Weist ein Aids-Test eine Spezifität von 99,2 Prozent auf, ergeben sich bei 1000 HIV-freien Untersuchten 992 richtige Resultate. Obwohl die Fehlerquote dieses Tests im Promille-Bereich liegt, würde eine breit angelegte Untersuchung zu einem Debakel führen.

In der Schweiz zählen etwa 4 Millionen zur Gruppe der sexuell Aktiven. Man schätzt, dass 0,4 Prozent von ihnen mit Aids-Viren angesteckt sind. Landesweit muss man also von 16 000 Infizierten ausgehen, die eine vorsorgliche Untersuchung ausfindig machen müsste. Bei einem Test mit der genannten Sensitivität und Spezifität käme folgendes heraus: Von den 16 000 Virusträgern würden 15 968 als positiv erkannt und 32 verfehlt. Für die Gruppe der 3 984 000 Nichtträger gäbe es 3 952 128 korrekte Negativresultate, aber 31 872 Personen erhielten vorerst den falschen, höchst unangenehmen Befund «HIV-positiv». Die insgesamt 47 840 Personen mit positivem Testergebnis müssten nun noch weitere, aufwendige Tests über sich ergehen lassen, bis die 33 Prozent tatsächlich Infizierten unter ihnen gefunden wären.

Deshalb sind landesweite Untersuchungen bei medizinischen Problemen, die nur einen kleinen Teil der Bevölkerung betreffen, aus statistischer Sicht ganz allgemein wenig sinnvoll. Die bestehende Praxis, einen Test nur den Angehörigen einer Risikogruppe zu empfehlen, ist der Situation weit besser angepasst.

Man könnte meinen, Kirchenbücher seien eher langweilige Lektüre. Was jedoch eine Forschergruppe vom Institut für Anthropologie der Universität Göttingen bei der Durchsicht alter Kirchenbücher aus Norddeutschland entdeckte, ist hochinteressant (und hat auch etlichen Widerspruch geweckt). Unter der Leitung von Eckart Voland wurden die Lebensdaten von 50 000 Personen aus 13 benachbarten ostfriesischen Kirchspielen aus dem 18. und 19. Jahrhundert analysiert. Dabei stiessen die Forscher auf soziologische Manipulationen, wie man sie in christlichen Gesellschaften nicht in solcher Deutlichkeit vermutete.

In der Region Krummhörn lebten damals eher ärmliche Landarbeiter und eine Oberschicht reicher Bauernfamilien. Während es nun für das Überleben eines Arbeitersohnes keine Rolle spielte, wie viele Brüder er hatte, war für einen Bauernsohn die Wahrscheinlichkeit, dass er im ersten Lebensjahr starb, um so höher, je mehr Brüder bereits vorhanden waren. Die Erklärung: In der Krummhörn erbte der jüngste Sohn den Hof und musste alle Brüder auszahlen, was die wirtschaftliche Basis des Hofes empfindlich schmälerte. Und da in dieser Region bereits alles Land genutzt war, hatten die «überzähligen» Söhne keine Aussicht auf eine eigene bäuerliche Existenz. Wohl mehr oder weniger unbewusst waren die Eltern deshalb am Gedeihen mehrerer Söhne wenig interessiert. Anders bei den Landarbeitern. Bei ihnen spielte Besitz kaum eine Rolle, und es kam für die Familien wirtschaftlich nicht darauf an, wie viele Söhne heranwuchsen.

Bei den Grossbauern der ostfriesischen Moordörfer dagegen überlebten deutlich mehr Knaben. In dieser Region gab es damals noch viel unbebautes Moorland. Die Bauern waren deshalb sehr wohl an vielen Söhnen interessiert, damit sie weitere Höfe gründen konnten. Dass bei solcher nachgeburtlichen Familienplanung auch die gesamte Fortpflanzungsbilanz im Auge behalten wurde, zeigt die Mädchensterblichkeit: Sie war bei den Bauern in den Moordörfern (als Kompensation zum Knabenreichtum) deutlich höher als in der Krummhörn.

Solche geschlechtsspezifische Selektion zahlte sich langfristig durchaus aus. So trug etwa der Stammbaum von Krummhörner Bauernpaaren, die zwischen 1720 und 1750 geheiratet hatten, im Mittel nach hundert Jahren fast doppelt so viele Früchte wie derjenige anderer Ehepaare der gleichen Generation.

Als in Athen die Pest wütete, schickten die Bürger einen Abgesandten nach Delos, um das Orakel nach Rat zu fragen. «Wenn ihr den Altar des Apollo genau doppelt so gross machen könnt, wie er jetzt ist, hört die Seuche auf», soll es orakelt haben. Der Altar war ein geometrischer Würfel mit der Kantenlänge von einer Elle, und die Athener machten sich eifrig ans Konstruieren.

Sie verdoppelten die Seitenlänge – die Pest wütete weiter, denn der Inhalt des Altarwürfels war nun das Achtfache des Originals. Oder sie stellten neben den ursprünglichen Altar einen genau gleich grossen – ohne Erfolg, denn der neue Altar war jetzt zwar doppelt so gross, aber kein Würfel mehr. Die Lösung liegt in einem Würfel mit der Kantenlänge $\sqrt[3]{2}$ Ellen. Denn der Inhalt des Würfels berechnet sich als Kubikzahl der Seitenlänge. Hatte also der Originalaltar den Inhalt $1^3 = 1$, wären die Athener mit $(\sqrt[3]{2})^3$ just bei den gesuchten 2 Kubik-Ellen gelandet.

Für die griechischen Geometer war es Ehrensache, Konstruktionsaufgaben nach der Vorschrift von Euklid nur mit Hilfe von Zirkel und Lineal zu lösen. Während sich damit etwa $\sqrt{2}$ (als Diagonale eines Quadrats mit der Seitenlänge 1) oder auch $\sqrt[4]{2}$ konstruieren lassen, gibt es für $\sqrt[3]{2}$ keinen Lösungsweg.

Ähnlich quälend war für die Griechen ein Winkelproblem: Ein Winkel lässt sich ohne weiteres halbieren oder vierteilen. Aber einen beliebigen Winkel dreiteilen mit Zirkel und Lineal ist unmöglich. Was umso ärgerlicher ist, als sich zum Beispiel Strecken problemlos dritteln lassen. Schlaumeier können die beiden geometrischen Klassiker trotzdem lösen – aber nur, indem sie am Lineal verbotenerweise Marken anbringen und durch Schieben und Justieren der Marken (etwa an einem Sechseck) $\sqrt[3]{2}$ finden.

Bei der Quadratur des Kreises (die Umwandlung eines Kreises in ein Quadrat gleicher Fläche), der dritten Knacknuss der klassischen Geometrie, hilft selbst das Manipulieren am Lineal nichts, denn die an dieser Aufgabe beteiligte Zahl Pi ist noch exotischer als die $\sqrt[3]{2}$. Trotzdem gibt es heute noch Amateure, die hoffen, mit irgendeiner genialen Konstruktion den unlösbaren Drei doch noch auf die Schliche zu kommen. Auch wenn die prinzipielle Unmöglichkeit längs mathematisch bewiesen ist.

Verflixte Quadratur des Kreises

Im Jahr 1775 hatte die Königliche Akademie der Wissenschaften zu Paris genug und beschloss, keine Lösungen des Problems der Quadratur des Kreises mehr zu überprüfen. Denn die Menschenfreundlichkeit gebiete es, dem für viele Familien verhängnisvoll gewordenen Wahnsinn der Kreisquadrierer ein Ende zu setzen.

Was der Akademie zu schaffen machte, waren Scheinlösungen für eine jahrtausendalte Knacknuss: Auf einem Papyrus aus 1650 vor Christus zeigt ein ägyptischer Geometer, wie man zu einem Kreis ein Quadrat mit fast der gleichen Fläche finden könne, indem man die Strecke des Kreisdurchmessers um einen Neuntel verkürzt und darüber ein Quadrat errichtet. Die Lösung ist gut, aber nicht genau, denn das Quadrat ist ein bisschen zu gross.

So packte das Problem der Quadratur des Kreises im alten Griechenland die Elite der mathematischen Tüftler. Alle suchten nach Wegen, allein mit Zirkel und Lineal einen Kreis in ein gleich grosses Quadrat zu überführen. Aber so ausgefallen die Konstruktionsvorschläge auch waren – es blieb bei Annäherungen. Irgendwie entzog sich den Geometern das genaue Verhältnis von Kreis- und Quadratfläche, das wir mit der Zahl Pi ausdrücken: Das Quadrat über dem Kreisradius mal Pi entspricht der Kreisfläche.

Archimedes konstruierte aussen und innen am Kreis Vielecke, die mit steigender Eckenzahl immer kreisähnlicher werden. So kam er zum erstaunlich guten Resultat, dass Pi zwischen 3,1408 und 3,1429 liegen müsse. 1914 trieb der Inder Ramanujan die konstruktive Annäherung an Pi auf die Spitze und näherte sich der Zahl bis auf die neunte Stelle hinter dem Komma – was beispielsweise bei der Quadratur eines Kreises mit einem Durchmesser von 10 000 Kilometern bei der Quadratseite noch eine Ungenauigkeit von einem Zentimeter verursacht.

Während die Gescheiten aller Epochen wussten, dass ihre Quadrierungen immer nur Annäherungen blieben, grassierte im 18. Jahrhundert unter Amateuren eine krankhafte Suche nach der perfekten Lösung. Doch der *Morbus cyclometricus* brachte nichts als eine Unmenge falscher Beweise hervor. 1882 war der Spuk vorbei: Ferdinand von Lindemann lieferte den Beweis, dass Pi in der Tat geometrisch unfassbar ist. Pi gehört zu den sogenannten transzendenten Zahlen, die sich prinzipiell nicht als Lösung einer algebraischen Gleichung mit ganzzahligen Koeffizienten und damit niemals mit Zirkel und Lineal darstellen lassen.

Das Theater um den Millenniumswechsel drängte eine andere und wohl wichtigere Kalendermarotte in den Hintergrund: Das Jahr 2000 ist ein Schaltjahr. Bei jeder Jahreszahl, die sich ohne Rest durch vier teilen lässt, wird der 29. Februar eingeschoben. Wenn die Jahreszahl gleichzeitig ein voller Hunderter ist, tritt diese Regel jedoch ausser Kraft. Das Jahr 2000 dürfte also kein Schaltjahr sein –, wäre da nicht Regel Nummer drei, nach der Jahre mit Jahreszahlen, die sich durch 400 teilen lassen, wieder zu Schaltjahren werden. Warum so kompliziert?

Die Himmelsmechanik kümmert sich nicht um unseren Wunsch nach mathematischer Einfachheit. Es gibt Tag und Nacht, weil sich die Erde um ihre Achse dreht. Und die Jahreszeiten, weil die Erde eine Rundtour um die Sonne macht. Da Erdumdrehung und Sonnenumrundung aber zwei eigenständige, voneinander unabhängige Rotationen sind, wäre es ein grosser Zufall, wenn nach exakt einem astronomischen Jahr auch eine volle Anzahl Erdrotationen stattgefunden hätte. Tatsächlich dauert ein Jahr (von Frühlingsbeginn zu Frühlingsbeginn) 365,2422 Erdentage.

Nach vier Jahren eilt unser Kalender also dem Sonnenjahr um 0,9688 Tage voraus. Der Schalttag kompensiert nun diesen Vorsprung – allerdings um 0,0312 Tage zuviel. So ergäbe sich nach vierhundert Jahren oder hundert Schalttagen ein Kalenderfehler von 3,12 Tagen. Indem man in allen Hunderterjahren mit Ausnahme der Vierhunderter den Schalttag auslässt, lässt sich der Kalender nun (fast) ins Lot bringen.

Der Ungleichtakt von Tag und Jahr hat bereits Julius Cäsar gestört; mit der Einführung eines Schalttages alle vier Jahre sanierte er den chaotisch gewordenen 365-Tage-Kalender der Ägypter. Da die Julianischen Jahre mit ihren 365,25 Tagen aber zu lang waren, hinkte der Kalender im späten Mittelalter dem astronomischen Frühlingspunkt schliesslich um 10 Tage hinterher. Unterstützt von einer internationalen Kommission von Mathematikern und Astronomen rückte Papst Gregor XIII. die Sache zurecht: Er liess auf den 4. Oktober 1582 unmittelbar den 15. Oktober folgen und schuf mit dem Schaltjahrzyklus von 400 Jahren auch längerfristig Ordnung. (Die Appenzeller leisten mit ihrem «alten Silvester» allerdings noch heute Widerstand.)

Es bleibt nun künftigen Kaisern oder Päpsten überlassen, in etwa 3000 Jahren noch jenen lästigen Tag aus der Welt zu schaffen, der durch das übrig gebliebene Zuviel von 0,12 Tagen pro 400 Jahre in etwa 3000 Jahren entstanden sein wird.

Die Siebzehnjahr-Zikade

Die Lemminge vermehren sich in Skandinavien alle drei bis vier Jahre massenhaft. Dann wird die Bergheide für die Eisfüchse zum Schlaraffenland. Damit sie vom Überfluss maximal profitieren können, haben die Füchse nun bis zu einem Dutzend Junge im Nest. In lemmingschwachen Jahren ziehen sie dagegen nur zwei bis acht Kleine oder überhaupt keinen Nachwuchs auf. Viele jagende Tiere passen ihre Populationsgrösse derjenigen ihrer Beute an. Und wo die Gejagten in regelmässigem Turnus in grosser Zahl auftreten, ist die Familienplanung des Jägers nicht selten exakt mit dem Nahrungsüberfluss synchronisiert. Die Natur kennt aber einen einfachen Zahlentrick, mit dem sie gewisse Beutetiere davor schützt, dass ihre Verfolger mit scheinbar kühler Berechnung grosse Erfolge feiern können.

Im Norden der USA gibt es die Siebzehnjahr-Zikade (*Magicicada septendecim*). Sie lebt als Larve im Boden und ernährt sich von den Wurzeln verschiedener Kulturpflanzen. Nach genau 17 Jahren kriechen die Tiere millionenfach als vollausgebildete Insekten ans Tageslicht, paaren sich und legen mit einem kräftigen Legebohrer Eier in die Pflanzenstengel. Nach nur vier bis sechs Wochen sterben die Zikaden. Aus den Eiern sind aber bereits neue Larven geschlüpft, die sofort aus den oberirdischen Pflanzenteilen in den Boden verschwinden, wo sie wiederum während 17 Jahren den Farmern das Leben schwer machen. Im Süden der USA lebt eine Variante dieser Singzikade, die alle 13 Jahre aus dem Boden auftaucht. Zahlenfreunden fallen die 17 und die 13 auf: Beides sind Primzahlen, also Zahlen, die sich nur durch sich selbst und durch eins teilen lassen.

Dass die Zikaden sich im Primzahlentakt zeigen, ist wohl kein Zufall. Ihre potentiellen Feinde, vor allem Vögel, leben meist nur zwei bis fünf Jahre. Würde das riesige Zikadenvolk seinen Massen-Honeymoon etwa in einem 16-Jahre-Zyklus abhalten, könnten die Feinde beispielsweise im Rhythmus von vier Jahren besonders viel Nachwuchs produzieren und so nach jeweils 16 Jahren vom ungewöhnlich grossen Nahrungsangebot profitieren. Die Primzahlen verunmöglichen aber jede kleinzahlige Synchronisation. Wenn nun die Vögel alle 13 oder 17 Jahre plötzlich das grosse Fressen vor den Schnäbeln haben, freuen sie sich wohl über ein paar ausserordentliche Happen. Die Hochkonjunktur kommt jedoch überraschend, und die Vögel haben keine Chance, sie mit zusätzlichem Nachwuchs auszunutzen.

Zwei Ziegen und ein Auto

Die Zunft der Mathematiker lächelt gern über Laien, die mit wenig Sinn für Wahrscheinlichkeit ihr Geld für Spiele riskieren, die rechnerisch gesehen zuwenig Aussicht auf Gewinn bieten. Aber auch Rechenprofis können von ihrer Intuition getäuscht werden. Etwa beim Monty-Hall-Dilemma. Es wurde nach einem Fernsehmoderator benannt, der eine ähnliche Show am amerikanischen Fernsehen präsentierte, und es geht so: Es werden drei Türen gezeigt. Hinter einer steht ein Auto, die beiden anderen verbergen Ziegen. Der Kandidat wählt eine Tür. Bevor er sie öffnet, unterbricht ihn der Spielleiter (der weiss, wo das Auto ist) und öffnet eine der beiden anderen Türen – mit einer Ziege dahinter. Jetzt darf der Kandidat bei seiner Wahl bleiben oder sich für die andere der noch geschlossenen Türen entscheiden. Was tun?

Die Denksporttante Marilyn vos Savant stellte das Rätsel 1990 den Lesern der amerikanischen Zeitschrift «Parade» und lieferte später auch die Lösung: Wer bei der ersten Wahl bleibt, dessen Chancen für den Autogewinn stehen bei einem Drittel; ein Wechsel zur anderen Tür verdoppelt die Gewinnchancen. Marilyns Lösung löste eine Welle von Protestbriefen aus. Es waren vor allem Mathematiker – einige davon höchst renommiert –, die sich über so viel Dummheit beklagten. Es sei doch offensichtlich, dass, nachdem der Spielleiter eine der Nieten geöffnet hat, die Gewinnchance für die beiden anderen Türen bei je 50 Prozent liege und Wechseln oder Nichtwechseln die gleichen Gewinnchancen hätten.

Wie jeder Laie auf einem Blatt Papier nachprüfen kann, hatten sich die Leserbriefschreiber geirrt. Man stelle das Auto zuerst hinter Tür 1 und nehme nacheinander eine der drei Türen als erste Wahl und prüfe die Optionen Wechseln und Nichtwechseln. Nichtwechseln führt in einem Fall zum Erfolg, Wechseln aber in zwei Fällen. Das ist auch so, wenn das Auto hinter Tür 2 oder Tür 3 steht und man die entsprechenden Wahlmöglichkeiten durchexerziert. Man erkennt auch leicht den Grund: Wenn die erste Wahl danebengeht – in zwei von drei Fällen also –, ist das Auto jeweils hinter einer der beiden anderen Türen, von denen der Spielleiter anschliessend die falsche öffnet. In diesen Fällen lohnt sich ein Wechsel.

Eleganter überlegt: Mit seiner ersten Wahl hatte der Kandidat eine Chance für das Auto von einem Drittel; die andern zwei Drittel der Chance gehörten den beiden nicht gewählten Türen. Warum sollte sich daran rückwirkend etwas ändern? Wenn der Spielleiter dann eine von den zwei verbliebenen Türen öffnet, konzentriert sich die Zweidrittelchance auf jene vom Kandidaten nicht gewählte Tür, die der Spielleiter nicht geöffnet hat.

Wer der Lösung von Marilyn noch immer nicht traut, mache das Spiel mit 99 Ziegentüren und einer

Tür mit Auto. Bei einer ersten Wahl haben Sie nun eine Chance von nur 1 zu 100, dass Sie gleich die Tür mit Auto erwischen. Jetzt öffnet der Spielleiter nacheinander 98 Türen mit immer einer Ziege dahinter. Wenn er Ihnen jetzt die Chance gibt, bei der von Ihnen gewählten Tür zu bleiben oder lieber zur noch ungeöffneten letzten Tür der 99 andern zu wechseln, werden Sie vermutlich ohne zu zögern wechseln.

Das Phantom Pi

«Que j'aime à faire apprendre un nombre utile aux sages! Immortel Archimède, artiste, ingénieur, qui de ton jugement peut priser la valeur? Pour moi ton problème eut de sérieux avantages.» Die Ode an Archimedes mag nicht der Gipfel französischer Dichtkunst sein. Sie hat aber den grossen Nutzen, dass damit das Auswendiglernen von Pi (π) den Schrecken verliert: Die Anzahl Buchstaben der einzelnen Wörter entspricht den ersten 31 Stellen der Zahl: 3,141592653 589793238462643383279. Ein Gedicht des Amerikaners Michael Keith liefert sogar 740 Stellen. Es gibt aber auch Menschen, die sich den Zahlenwurm ohne lyrische Krücken merken können. 1995 sagte der Japaner Hiroyuki Goto 42 000 Stellen von π auswendig auf. Er brauchte dazu neun Stunden Sprechzeit.

Was ist π? Wir kennen die Zahl als jene Konstante, die wir brauchen, um aus dem Radius r den Umfang eines Kreises ($2r\pi$), eine Kreisfläche ($r^2\pi$) oder einen Kugelinhalt ($\frac{4}{3}r^3\pi$) zu berechnen. Die Rolle von π als Proportionalfaktor zwischen rund und gerade hat Legionen von Mathematikern fast um den Verstand gebracht. Ihre Versuche, mit Zirkel und Lineal aus einem Kreis ein Quadrat gleicher Fläche zu konstruieren, mussten scheitern: π ist eine transzendente Zahl –

ein Phantom mit unendlich vielen Stellen, durch keine algebraische Gleichung darstellbar.

Das zieht die Zahlenfreaks bis heute in den Bann. Die Erforschung von π, wie sie der Franzose Jean-Paul Delahaye im Buch «Pi – die Story» schildert, ist ein Marathon durch die unterschiedlichsten Gebiete der Mathematik, wie ihn wohl keine andere Zahl zu bieten hat. Im 5. Jahrhundert entdeckte der Chinese Tsu Chung-Chih, dass der Bruch $\frac{355}{113}$ die ersten sieben Stellen von π bringt. Später wurden Verfahren entwickelt, wie man mit einer unendlichen Kette von Brüchen oder Multiplikationen der Zahl π umso näher kommt, je mehr Glieder man berechnet. Hier ein Beispiel: $\pi=2(\frac{4}{3} \times \frac{16}{15} \times \frac{36}{35} \times \frac{64}{63} \ldots)$.

«Die Zahl π zu erforschen, bedeutet, das Universum zu erforschen», sagt David Chudnovsky. Er und sein Bruder Gregory kreierten mit raffinierten Formeln und schnellen Rechnern laufend präzisere π-Würmer. Die beiden sind 1977 aus der Ukraine nach New York emigriert und haben sich den eigenen Supercomputer gebastelt. Seither läuft das Monster Tag und Nacht in ihrer chaotischen Wohnung. 1989 machten sie mit einer Milliarde berechneter Stellen von π Furore; 1994 waren es bereits vier Milliarden (was in Buchform 4000 Bände zu je 400 Seiten füllen würde). Der schärfste Konkurrent der Gebrüder Chudnovsky ist Yasumasa Kanada von der Universität Tokio. Ihm gelang 1999 mit einem der leistungsstärksten Rechner der Welt der Rekord von über 68 Milliarden π-Stellen.

Natürlich gibt es schon längst keine praktische Notwendigkeit mehr, π so genau zu kennen. Die Jagd nach dem Phantom lässt die Mathematiker jedoch immer effizientere Verfahren zur Verarbeitung riesiger Datenmengen entdecken, die jetzt etwa auch in Geräten zur Bilderzeugung in der Medizin Anwendung finden.

Die Griechen suchten Vollkommenheit in moralischen und ästhetischen Belangen, aber auch in den Zahlen. Zählt man alle echten Teiler einer Zahl zusammen, ergibt sich in ganz wenigen Fällen eine Summe, die genau der Zahl selber entspricht. Solche Zahlen nannten die Griechen «vollkommen». Die erste vollkommene Zahl ist 6, denn deren Teiler 1, 2 und 3 ergeben als Summe wiederum 6. Als weitere Beispiele fand man in der Antike noch 28, 496 und 8128.

Die Mathematiker fragten sich, ob es unendlich viele vollkommene Zahlen gibt und ob darunter auch ungerade sind. Euklid fand eine Formel: Ist n eine Primzahl (also nur durch eins und sich selber teilbar) und 2^n-1 ebenfalls, liefert die Formel $(2^n-1)\ 2^{n-1}$ eine vollkommene Zahl. Für die Primzahl 5 beispielsweise kommt man für 2^5-1 auf 31, also eine Primzahl. Und 31 mal 2^4 ist just 496 – eine der vollkommenen Zahlen der alten Griechen.

Trotz der schönen Formel fand man mit 33 550 336 erst im 15. Jahrhundert eine fünfte vollkommene Zahl. Im Computerzeitalter ging die Jagd dann richtig los. Immer grössere Primzahlen der Form 2^n-1 (Mersennesche Primzahlen) zu finden, wurde zum Qualitätstest für Supercomputer. 1996 verfiel George Woltman gar auf die Idee, auf der Suche nach neuen Mersenneschen Primzahlen die Kräfte der PCs vieler Surfer via Internet zusammenzulegen. 8000 Zahlenfreaks sind unterdessen am GIMPS (Great Internet Mersenne Prime Search – www.mersenne.org/prime.htm) beteiligt, wobei raffinierte Software dafür sorgt, dass automatisch Berechnungen ausgeführt werden, sobald ein Computerbenutzer eine Pause einlegt.

So wurde 1999 die bisher grösste Primzahl gefunden: $2^{6972593}-1$, eine Zahl mit über zwei Millionen Stellen. Daraus machten die hurtigen Maschinen mit Euklids Formel umgehend auch die jüngste vollkommene Zahl, ein 4 197 919stelliger Zahlenwurm, der ausgeschrieben ein Buch mit 2000 Seiten füllen würde. Dies ist jetzt die 38. bekannte vollkommene Zahl.

Niemand kann heute sagen, wie viele vollkommene Zahlen es noch zu entdecken gibt. Und ob eines Tages doch eine vollkommene Zahl auftaucht, die ungerade ist. Für ungebrochene Jagdlust sorgen die 100 000 Dollar, die dem Entdecker der ersten Primzahl mit zehn Millionen Stellen von der Electronic Frontier Foundation versprochen sind.

Auch Zahlen können gesellig sein

Für Pythagoras enthielten Zahlen göttliche Geheimnisse. Ihn faszinierten etwa «vollkommene Zahlen» wie 6, 28 oder 496; zählt man deren echte Teiler zusammen (im Fall von 6 also 1, 2 und 3), erhält man als Summe die Ausgangszahl. Die Griechen schätzten auch das Zahlenpaar 220 und 284, das sie «befreundet» nannten: Die Summe der echten Teiler der einen Zahl ergibt jeweils genau die andere Zahl. Also 1, 2, 4, 5, 10, 11, 20, 22, 44, 55, 110 als Teiler von 220 sind zusammengezählt just 284. Und die Teiler von 284, das heisst 1, 2, 4, 71, 142, ergeben als Summe 220. Der arabische Gelehrte El Madshriti soll sogar versucht haben, das Herz einer schönen Frau zu gewinnen, indem er ihr einen Kuchen in Form der Zahl 220 offerierte und selber die Zahl 284 verspeiste.

Die Suche nach weiteren befreundeten Zahlen packte selbst die grössten Mathematiker. 1636 fand Fermat das Paar 17296 und 18416. Descartes stiess auf 9363584 und 9437056. Im 18. Jahrhundert erweiterte Euler das Inventar schliesslich auf 60 Paare mit immer höheren Zahlen. Im Jahre 1866 machte der 16jährige Nicolò Paganini Furore, als er mit 1184 und 1210 das zweitkleinste Paar befreundeter Zahlen entdeckte, das den grossen Geistern durch die Lappen gegangen war.

Mittlerweile hat man die Zahlenwelt bis zu 300 Milliarden durchforstet und dabei 5001 Paare befreundeter Zahlen gefunden.

Beim Spielen mit Zahlen fand der französische Mathematiker Poulet im Jahre 1918 eine weitere Merkwürdigkeit. Zählt man alle echten Teiler der Zahl 12496 zusammen, ergibt sich als Summe 14288. Berechnet man von dieser neuen Zahl wiederum die Teilersumme, kommt man auf die Zahl 15472. Fährt man so weiter, kommt man nacheinander auf 14536, 14264 und schliesslich 12496 – was just wieder die Ausgangszahl ist.

Zahlen, die solche Ketten bilden, nannte Poulet «gesellige Zahlen». Mit der Zahl 14316 entdeckte er sogar den Anfang einer Kette, die sich erst nach 28 Gliedern schliesst. Die befreundeten Zahlen sind eigentlich ein Sonderfall geselliger Zahlen, die eine zweigliedrige Kette bilden. Und vollkommene Zahlen haben nur noch ein einziges Glied. Heute kennt man auch 46 gesellige Zahlen mit vier Kettengliedern (etwa die Zahl 1264460). Trotz allem Suchen aber ist Zahlengeselligkeit zu dritt bisher noch nicht aufgetaucht.

Der wackelnde Gartentisch

Wer hat sich nicht schon geärgert, wenn er gemütlich im Restaurant sass und beim Hantieren mit Messer und Gabel der Tisch wackelte. Die Ursache ist klar: Hat ein Tisch vier Beine, liegen bei gleich langen Beinen die untern Endpunkte in einer Ebene. Ist der Boden nun uneben – bei Gartenbeizen die Regel –, hängt eines der Beine meist in der Luft.

Die Menschen gehen mit diesem Problem verschieden um. Der Ingenieur löst es mit der Konstruktion eines Antiwackeltischs, der ein in der Länge verstellbares Bein besitzt. Es gibt solche Tische auf dem Markt. Wenn sie im Restaurant fehlen, hilft sich der Gast oft selbst, indem er das zu kurze Bein mit Bierdeckeln unterlegt. Der experimentelle Physiker hingegen sucht nach technischen Analogien und kommt zum Ergebnis, dass Tischbeine wie Autoräder gelagert werden sollten. So steht sein Tisch schliesslich auf vier Stossdämpfern – mit allen vier Beinen auf dem Boden zwar, aber mit einer Dynamik, wie man sie von Schiffsreisen her kennt.

Und wie reagiert der Mathematiker? Hanspeter Kraft vom Mathematischen Institut der Universität Basel hat das Problem im Wissenschaftsmagazin seiner Universität diskutiert. Zuerst stellt sich natürlich die Frage, was «wackeln» ist. Der Mathematiker analysiert, dass es für den Tisch auf unebenem Boden eine Wackelachse gibt, die von einer Ecke zur quer gegenüberliegenden Ecke verläuft. Er könnte nun den Tisch wild durch das Restaurant schieben und fände wohl zufällig irgendwann eine wackelfreie Position. Doch das ist nicht sein Stil.

Er überlegt: Wenn ich den Tisch in Gedanken hochhebe und am gleichen Ort um 90 Grad gedreht wieder hinstelle, wackelt er wie vorher, denn die vier Bodenpunkte sind genau die gleichen (falls sie ein Quadrat bilden). Die Wackelachse aber verläuft jetzt durch die beiden andern Eckpunkte. Durch die Drehung hat also die Wackelachse irgendwann von dem einen Paar Ecken zum andern gewechselt. Es muss also im Verlauf der Drehung um 90 Grad eine Position geben, wo der Tisch nicht wackelt. Was uns Laien verblüfft, ist für den Mathematiker lediglich eine Illustration des Zwischenwertsatzes: Eine kontinuierlich veränderliche Grösse, die am Anfang eines Intervalls negativ und am Ende positiv ist, muss irgendwo dazwischen null sein.

Wackelt der Tisch nach der Drehung um 90 Grad aber immer noch um die selbe Eckpunktachse wie vorher, ist bewiesen, dass der Fehler beim Tisch liegt: Eines der Beine ist länger oder kürzer als die restlichen.

Vor dem Frauenklo

Die Situation ist bekannt und nervt regelmässig: Ein Herr und seine Begleiterin wollen während der Pause einer Veranstaltung rasch aufs Klo. Der Mann steht nach kurzer Zeit bereits wieder am Treffpunkt; die Dame aber hastet erst in letzter Minute aus der Toilette zurück. Während vor den Männer-WCs nämlich nur wenige Notdurftgenossen warteten, musste sich die Frau hinter einer langen Schlange gedulden.

Der Grund ist offensichtlich: Frauen bleiben länger in der Kabine. Laut weltweiten Studien sind es bei Frauen im Durchschnitt 89 Sekunden, während Männer es in 39 Sekunden schaffen. Dann sollte also die Warteschlange vor dem Damen-WC etwa doppelt so lang sein wie bei den Herren? In Wahrheit ist die Situation für die Frauen viel dramatischer – ihre Schlange ist in der Regel gut fünfmal so lang wie im Herren-WC.

Der englische Informatikingenieur Robert Matthews hat das existenzielle Problem unlängst in der Zeitschrift «New Scientist» analysiert. Und er fand, dass bei einer um den Faktor X längeren durchschnittlichen Aufenthaltszeit in der Kabine die Schlange mindestens um den Faktor X^2 wächst. Bei doppelter Aufenthaltszeit wird die Schlange der Frauen also viermal so lang wie die der Männer; brauchen sie die dreifache Zeit, wächst ihre

Schlange auf das Neunfache. Diese Ungerechtigkeit erklärt sich dadurch, dass bei längeren durchschnittlichen Kabinenzeiten auch die Schwankungen der individuellen Zeiten wachsen, was sich überproportional stark auf die Länge der Schlange auswirkt.

Wer glaubt, das Malaise würde verschwinden, wenn man die Geschlechtertrennung aufhöbe, der täuscht sich. Denn die Situation der Frauen verbesserte sich dadurch nur unwesentlich; die Männer aber verlören ihren Naturvorteil weitgehend. Markant kürzer würde eine solche gemischte Schlange nur, wenn die Regel gälte, dass neu ankommende Männer sich immer vor den wartenden Frauen einreihen dürfen – eine Lösung, die sozial wohl schlecht verträglich wäre. Will man die Länge der Warteschlangen für Männer und Frauen gerecht und gleich kurz machen, gibt es nur einen Weg: Man muss den Frauen zwei- bis dreimal mehr Toilettenplätze zugestehen.

Hier und Jetzt?

Der Redner schaut zufrieden in den Saal. Hunderte von Augenpaaren hängen an seinen Lippen – er und sein Publikum geniessen den gemeinsamen Augenblick. Doch streng genommen ist Gleichzeitigkeit eine Illusion. Schon die Leute in der vordersten Reihe sind nicht mehr exakt so, wie der Redner sie wahrnimmt. Und je weiter hinten die Leute sitzen, desto stärker die Verschiebung zwischen ihrer Wirklichkeit und derjenigen des Redners.

Dieser Umstand entgeht den Anwesenden nur, weil der Saal sehr klein ist – in kosmischen Dimensionen betrachtet. Hätte er die Länge des Universums, wären die scheinbar so aufmerksamen Gäste der hintersten Reihe bereits mehrere Milliarden Jahre tot, bis ihr Bild beim Redner vorne ankommt. Und schon in einem Saal von der Länge des Abstandes zwischen Erde und Sonne könnten die Besucher in der hintersten Reihe mühelos klammheimlich verduften – der Redner sähe es erst mit acht Minuten Verspätung. Doch im dreissig Meter langen Sääli des «Sternen» erlebt der Redner die entferntesten Zuhörer so, wie sie vor einer Zehnmillionstel Sekunde dreinschauten. Diese Kleinheit erlaubt die Illusion einer gemeinsamen Gegenwart.

Ergriffen betrachten wir den Sternenhimmel. Doch die Wahrheit ist: Es gibt kein Himmelszelt, weil es dort oben auch kein Hier und Jetzt gibt, sondern nichts anderes als mehr oder weniger weit zurückliegende Vergangenheiten. Sterne, die scheinbar tröstlich blinken, sind längst erloschen. Die Supernova, die am 4. Juli 1054 aufblitzte und so gewaltig war, dass man sie wochenlang und selbst bei Tag von blossem Auge sah, war für die chinesischen Hofastronomen ein böses Zeichen des Himmels. Doch ihre Sorgen waren unbegründet, denn die Sternexplosion lag fünftausend Jahre zurück, sie sahen nur noch ein astronomisches Erinnerungsbild.

Wer sich mit der Vorstellung des Verlusts der räumlichen Gegenwart schwer tut, der denke statt an die Lichtgeschwindigkeit von 300 000 Kilometern pro Sekunde an die 300 Meter pro Sekunde des Schalls. – Was macht der Donner? Nicht mehr als die Existenz desjenigen Blitzes nachplappern, den wir etliche Sekunden zuvor schon gesehen haben.

Untreue Ehemänner

In Gelosia verstehen die Frauen keinen Spass mit Männer, die fremdgehen. Eines Morgens ruft die Königin sämtliche Frauen zu sich: «Ich habe Kunde erhalten, dass mindestens einer unserer Ehemänner untreu gewesen ist. Wer von Euch nun herausfindet, dass ihr Mann sie betrogen hat, muss ihn um Mitternacht des Tages, an dem sie seine Untreue erkannt hat, töten.»

Die Gelosierinnen lieben den Klatsch. So weiss es jeweils schon am nächsten Tag das ganze Land, wenn einer der Männer untreu gewesen ist. Nur der betrogenen Ehefrau verschweigt man das Abenteuer rücksichtsvoll. Nach der Rede der Königin passiert lange Zeit nichts. Bis 39 Tage später plötzlich 40 Ehefrauen um Mitternacht zum Messer greifen und in einem landesweiten Massaker ihre schlafenden Gatten ins Jenseits befördern.

Das greuliche Geschehen ist ein Beispiel dafür, wie durch eine Kette von logischen Schlüssen Erkenntnis reift. Die Königin sprach von «mindestens einem Untreuen». Wäre es nun nur einer gewesen, hätte dessen Frau sofort Bescheid gewusst, denn da sie in von keinem Seitensprung gehört hatte, musste sie die Betrogene sein. Ihr Mann würde also den nächsten Morgen nicht mehr erlebt haben.

Bei zwei Casanovas aber wäre um Mitternacht des ersten Tages nach der Rede der Königin in zwei Schlafzimmern Blut geflossen. Beim Ausbleiben der Nachricht über eine Exekution in der ersten Nacht wäre den beiden Ehefrauen klar geworden, dass ihre Männer fremdgegangen waren, denn es musste nun mindestens zwei Untreue geben – andernfalls wäre es bereits in der Vornacht zu einer Exekution gekommen –, und sie hatten nur von einem Seitensprung erzählen gehört. Die Sache lässt sich mathematisch formulieren: Keine Exekution um Mitternacht des n-ten Tages bedeutet, dass mindestens n+1 Ehemänner untreu gewesen sein müssen.

So kam es, dass in der Frühe des vierzigsten Tages alle Frauen wussten, dass mindestens 40 Männer untreu gewesen sein mussten. Es gab aber im Land 40 Frauen, die nur von 39 Fällen von Untreue gehört hatten. Sie alle erkannten an diesem vierzigsten Tag, dass ihr Mann der jeweils fehlende vierzigste Unhold sein musste.

Ein Ausserirdischer besucht Flatland

Dem Quadrat ist unwohl. Es fühlt in seinem Körper etwas Fremdes. Dann taucht vor seiner Nase aus dem Nichts ein Kreis auf. Das Quadrat ist Bürger von Flatland, einer ebenen Welt, in der es nur Länge und Breite gibt. Arbeiter und Soldaten haben die Form von Dreiecken. Quadrate sind bereits Gentlemen. Und je mehr Ecken, desto höher der Adel. Die fast kreisrunden Vielecke schliesslich sind Priester und hohe Staatsmänner. Die Flatlander sehen einander nur als Striche. Beim Abtasten können sie jedoch die Ecken und die Grösse ihrer Winkel erfühlen und damit die Hierarchie. Vornehme grapschen nicht; sie erkennen ihr Gegenüber daran, wie die Helligkeit der Linie im Dunst gegen aussen abfällt.

Der beim Quadrat auftauchende Kreis ist erschreckend, weil er aus einem Punkt heraus laufend grösser wird. Das Quadrat erfährt schliesslich, dass es Besuch aus Spaceland erhalten hat, von einer dreidimensionalen Kugel nämlich, die beim Eindringen in Flatland dort nur als wachsender Kreis wahrgenommen wird.

Quadrat und Kugel versuchen, einander ihre Welt näher zu bringen, obwohl ihre Lebenserfahrung dies praktisch verunmöglicht. Die Kugel hilft der beschränkten Vorstellungskraft des Quadrates mit mathematischen Analogien nach. Das Quadrat begreift schnell und überrascht die Kugel mit Fakten zu einer vierdimensionalen Welt: Aus dem Quadrat von Flatland und dem Würfel von Spaceland wird im Hyperspaceland ein Körper mit 16 Ecken und acht Würfeln als «Seiten». Blickt dieser Hyperwürfel auf Spaceland, sieht er ins Innere von jedem Körper – genau wie die Kugel über Flatland ins Innere jeder Figur blicken und dort sogar landen konnte. Wenn also dem Menschen eine allwissende Macht erscheint, die ans Innerste rührt, könnte es sich dabei lediglich um einen Gesellen aus der nächsthöheren Dimension handeln.

Albert Einstein rechnete mit vier Dimensionen (Raum und Zeit). Heute kann die String-Theorie, indem sie den Kosmos auf zehn Dimensionen erweitert, die scheinbar verschiedenartigen Kräfte der Natur als Manifestationen einer einheitlichen Grundkraft verstehen. Erstaunlich, dass der englische Pfarrer Edwin A. Abbott das Buch «Flatland» bereits 1884 geschrieben hat.

Wie wir als Kinder zählen lernten, prägt uns fürs ganze Leben. Giovanni mag noch so gut Deutsch gelernt haben – wenn er rechnet, murmelt er wieder italienisch. Doch die Prägung geht noch weiter, wie folgende Geschichte zeigt. Während des Zweiten Weltkriegs hatte eine Inderin einen Bekannten aus England zu Besuch. Ein Mädchen aus Japan, dem Feindesland Grossbritanniens, weilte ebenfalls bei ihr. Die Gastgeberin stellte die Japanerin dem Engländer als Chinesin vor. Da bat der Brite das Mädchen, es möge mit den Fingern auf fünf zählen. «Wusst' ich's doch», rief er, «sie ist Japanerin!» Das Mädchen hatte, wie in Japan üblich, mit der offenen Hand begonnen und einen Finger nach dem andern gekrümmt. In China aber zählt man wie bei uns und streckt die Finger der Reihe nach aus.

Das Zählen mit den Fingern ist wohl das älteste Rechenverfahren. Findige Völker haben die Grenze zehn gesprengt, indem sie nicht die Finger, sondern die Fingerglieder zählten: In Südostasien zeigt man mit der einen Hand erst auf das unterste Glied des kleinen Fingers der andern Hand und zählt so alle Glieder bis 14. In China berechneten Frauen ihren Monatszyklus, indem sie Tag für Tag einen Faden um ein nächstes der insgesamt 28 Fingerglieder knüpften.

Auf Grabmalereien der Pharaonen wie auch auf Rechenmarken der Römer sind Fingerstellungen dargestellt, die für die eine Hand von 1 bis 99 reichen und für die andere von 100 bis 9000. Die Zahl 5034 etwa geht so: Man zeigt mit der Daumenspitze der rechten Hand auf die Handfläche (5000), formt Zeigefinger und Daumen der linken Hand zu einem Ring (30) und krümmt Mittel- und Ringfinger der linken Hand (4). Und der englische Mönch Beda erweiterte unter Zuhilfenahme weiterer Körpergesten den Zählbereich bis über hunderttausend.

Kaufleute und Gelehrte rechneten mit Fingersystemen, bis im späten Mittelalter endlich das schriftliche Rechnen mit arabischen Ziffern in Mode kam. Und wo akustische Verständigung schwierig ist, etwa beim Buchmacher auf dem Rennplatz und beim (altmodischen) Börsenmakler im Ring, hat sich das Übermitteln vielfältiger numerischer Informationen mit Handzeichen bis heute erhalten.

Warum es immer Bonzen geben wird

Der Adlige schreitet im Smoking am Clochard vorbei ins Opernhaus. Der Fabrikarbeiter liest in der Zeitung, dass Martina Hingis und Tiger Woods spielend je eine weitere Million Dollar verdient haben. Reich wird, wer einen reichen Vater hat oder dank besonderem Talent dem Mitmenschen um ein paar Nasenlängen voraus ist.

So plausibel Reichtum im Einzelfall erklärbar ist, über ganze Bevölkerungen gesehen zeigt sich ein überraschendes Bild: Ob im Industriestaat USA oder im Agrarland Frankreich – überall ist der Reichtum anscheinend nach dem gleichen Naturgesetz verteilt: 20 Prozent der Bevölkerung besitzen 80 Prozent allen Vermögens. Dies hatte schon 1897 der französische Ingenieur Vilfredo Pareto erkannt. Er brachte den statistischen Nachweis, dass Reichtum sich exponentiell verteilt: Wenige Leute gehören zu den ganz Reichen; je tiefer die Vermögensklasse, desto mehr Leute umfasst sie. Vom ländlichen Russland bis zum industriellen England fand Pareto, dass die Anzahl Leute mit einem Vermögen W proportional zu $1/W^E$ ist, wobei der Exponent E jeweils zwischen 2 und 3 liegt.

Jetzt haben zwei französische Physiker ein theoretisches Modell entwickelt, welches das Gesetz von Pareto mit Analogien aus der Physik fester und flüssiger Materie erklärt. Kunststoffe oder Glas zeigen im Entstehungsprozess ein typisches Pendeln zwischen innerer Ordnung und Unregelmässigkeit. Sinkt die Temperatur der Materie aber unter einen bestimmten Wert, kondensiert das Gefüge, und die Materie wird fest.

Das ökonomische Modell nimmt an, dass der einzelne Bürger mit einer zufälligen Auswahl von Partnern Geschäfte macht und dass der jeweilige Gewinn oder Verlust ebenfalls mehr oder weniger zufällig ist. Je höher nun der Einsatz, desto grösser der mögliche Gewinn oder Verlust. Dies führt zwangsläufig zur beobachteten Exponentialverteilung. Wird der Handel zusätzlich angekurbelt (Hitze), verteilt sich der Reichtum gleichmässiger unter den Leuten. Bei extremer Handelseinschränkung aber (niedrige Materietemperatur) geht die Pareto-Gesetzmässigkeit verloren: Der ganze Reichtum kondensiert in den Taschen einiger weniger Superreicher.

Die unerwartete Luftschutzübung

Die Logik stellen wir uns gerne als sichere Insel im Meer der intellektuellen Unsicherheit vor. Doch auch sie kennt unsicheres Gelände. Legendär sind die Aussagen, die sich in den eigenen Schwanz beissen. So soll der Kreter Epimenides gesagt haben: «Alle Kreter sind Lügner.» Offensichtlich ein logisches Monster von einem Satz: Sagte Epimenides nämlich die Wahrheit, dann log er, und war seine Behauptung eine Lüge, sagte er die Wahrheit. Ähnlich perfid war jener Zettel, den mir ein Freund in die Hand drückte. Auf einer Seite stand «Der Satz auf der Rückseite dieser Karte ist richtig», auf der anderen «Der Satz auf der Rückseite dieser Karte ist falsch».

Komplexer ist das Paradoxon, das die schwedische Regierung im letzten Weltkrieg produzierte. Der schwedische Rundfunk verbreitete an einem Samstag die Meldung, dass an einem der nächsten sieben Tage eine landesweite Luftschutzübung stattfinde. Um die Effizienz der Luftschutzkader zu testen, seien Vorkehrungen getroffen worden, dass niemand voraussagen könne, wann die Übung stattfinde, selbst am Morgen des Übungstages nicht.

Die Übung wird wohl stattgefunden haben – obwohl dies theoretisch unmöglich war: Am folgenden

Samstag nach der Ankündigung, dem letzten der möglichen Tage, wäre die Übung unstatthaft gewesen, denn dann hätte das Kader am Morgen ja bereits gewusst, dass sie nun stattfinden muss. Da der Samstag ausgeschlossen war, wäre als letzte Möglichkeit der Freitag geblieben – was aber wie am Samstag jetzt wegen des fehlenden Überraschungsmomentes unmöglich war. Man sieht, dass sich so jeder Tag bis zurück zum Sonntag ausschliessen liess.

Hätte das Luftschutzkader aus Logikern bestanden, wäre ein grosses Gelächter durch deren Reihen gegangen. Alle hätten gewusst, dass sie nun, nach entsprechendem Hinweis an die um Korrektheit bemühte Regierung, in den kommenden sieben Tagen zu keiner Übung ausrücken müssten. Was aber, wenn die Regierung nun etwa am Dienstag dennoch Alarm geschlagen hätte? Das wäre völlig korrekt gewesen, denn damit konnten die Luftschutzleute nun ja nicht mehr rechnen, und das verlangte Überraschungsmoment wäre gewahrt gewesen.

In New York und in Tokio hetzen die Menschen durchs Leben; im guten alten Europa pflegt man «la dolce vita». Der amerikanische Sozialpsychologe Robert Levine hat dieses Klischee getestet und die Ergebnisse im Buch «Eine Landkarte der Zeit» zusammengefasst.

Er oder einer seiner Mitarbeiter besuchte in 31 Ländern grössere Städte und hielt mit der Stoppuhr die Gehgeschwindigkeit der Fussgänger fest. Als Mass für das Arbeitstempo nahm der Amerikaner die Zeit, in der ihm ein Postangestellter eine Briefmarke verkaufte. Und die Gangabweichung von fünfzehn zufällig in der Stadt ausgewählten Uhren an Bankgebäuden gab einen Wert für die lokale Genauigkeit. Levine erstellte eine separate Rangliste für jedes der drei Kriterien, und aus der Kombination der drei Tests kreierte er eine Hitparade des Gesamttempos.

Überraschenderweise sind auf den ersten neun Rängen acht westeuropäische Länder zu finden, nur Japan (Tokio) konnte sich auf Rang vier unter sie mischen. Die USA aber belegen mit New York nur Rang sechzehn. Die Schweiz kam mit Zürich und Bern (!) bei der Gehgeschwindigkeit auf Platz drei, beim Posttest auf Platz zwei und bei den Bankuhren auf den ersten Platz, was ihr auch in der Gesamtwertung den ersten Rang einbrachte. Am schnellsten zu Fuss unterwegs sind die Iren in Dublin. Die zackigsten Postbeamten stehen in Deutschland hinter dem Schalter. Am gemächlichsten fliesst das Leben in Brasilien, Indonesien und Mexiko.

Weitere Ermittlungen ergaben generell dort ein hohes nationales Tempo, wo die Wirtschaft blüht und ein eher kühles Klima herrscht. Die Studie lässt die Frage offen, ob nun der Hang zur Pünktlichkeit die Wirtschaft beflügle oder umgekehrt eine florierende Wirtschaft die Leute auf Trab bringe. Auch ist der Autor vernünftig genug zu sehen, dass der Umgang der verschiedenen Kulturen mit der Zeit viel tiefer wurzelt, als ein paar Messungen glauben machen könnten.

So benutzen die Mexikaner im Alltag zwei Zeiten: Hält man sich im Geschäftsverkehr mit Nordamerika notgedrungen an die *hora inglesa*, wird zu Hause genüsslich die *hora mexicana* gepflegt. Letztere macht es geradezu zur Pflicht, bei einer Party mit etlicher Verspätung aufzukreuzen. Wer naiverweise *en punto* an der Tür steht, sieht womöglich, wie eine überrumpelte Hausfrau zum Kleiderschrank rennt – und muss mit der spitzen Bemerkung rechnen, ob man zum Putzen gekommen sei.

Literatur

Im Text erwähnte sowie eine Auswahl weiterer empfehlenswerter Bücher.

Abbott, Edwin A.: Flatland. A Romance of Many Dimensions. Penguin Books, New York 1998.

Barrow, John D.: Ein Himmel voller Zahlen. Auf den Spuren mathematischer Wahrheit. Spektrum Akademischer Verlag, Heidelberg 1994.

Conway, John H. und Guy, Richard K.: Zahlenzauber. Von natürlichen, imaginären und anderen Zahlen. Birkhäuser Verlag, Basel 1997.

Delahaye, Jean-Paul: Pi – die Story. Birkhäuser Verlag, Basel 1999.

Devlin, Keith: Muster der Mathematik. Ordnungsgesetze des Geistes und der Natur. Spektrum Akademischer Verlag, Heidelberg 1998.

Dewdney, Alexander K.: 200 Prozent von nichts. Die geheimen Tricks der Statistik und andere Schwindeleien mit Zahlen. Birkhäuser Verlag, Basel 1994.

Dudley, Underwood: Mathematik zwischen Wahn und Witz. Trugschlüsse, falsche Beweise und die Bedeutung der Zahl 57 für die amerikanische Geschichte. Birkhäuser Verlag, Basel 1995.

Garfunkel, Salomon und Steen, Lynn A. (Hrsg.): Mathematik in der Praxis. Anwendungen in Wirtschaft, Wissenschaft und Politik. Spektrum der Wissenschaft, Heidelberg 1989.

Huff, Darrell: How to Lie with Statistics. Penguin Books, New York 1991.

Ifrah, Georges: Die Zahlen. Die Geschichte einer grossen Erfindung. Campus Verlag, Frankfurt 1992.

Ketteler, Guardian: Zwei Nullen sind keine Acht. Falsche Zahlen in der Tagespresse. Birkhäuser Verlag, Basel 1997.

Krämer, Walter: So lügt man mit Statistik. Campus Verlag, Frankfurt 1998.

Levine, Robert: Eine Landkarte der Zeit. Wie Kulturen mit Zeit umgehen. Piper Verlag, München 1998.

Paulos, John A.: Es war 1mal … Die verborgene mathematische Logik des Alltäglichen. Spektrum Akademischer Verlag, Heidelberg 2000.

Pickover, Clifford A.: Die Mathematik und das Göttliche. Spektrum Akademischer Verlag, Heidelberg 1999.

Register